環境法の基礎

松村 弓彦
［著］

成文堂

はしがき

　Konstanz 大学（ドイツ）における在外研究中（2004年度）に環境法学基礎理論領域における彼我の研究蓄積の隔絶した差を実感した経験から，従前の教科書『環境法（第2版）』を全面的に改め，環境法の基礎的領域に焦点を当てた。学生諸君にとっても，基礎研究を深めることは大学教育の場での自己研鑽の核心的な事柄であり，基礎領域の深さが社会で現実に直面する多様な諸問題の解決への応用を可能とすると考える。

　環境法学は環境を唯一・絶対の価値とするものでは無論ないが，我々の生活の豊かさを高めるうえで豊かな環境が重要な価値の一つであることについては，今日では，争いは少ない。何をもって豊かな生活，豊かな環境と評価するかは，時代により，国土の違いにより，また，社会・経済の発展段階によって，一義的に定義できない不確実性はあるが，豊かな環境の中に豊かな日常生活が，豊かな日常生活の中に豊かな環境があって，その豊かな環境を一人一人の市民自らが，自らの責任で管理する社会というような，かつて Echternach の小川沿いの散歩道で通りすがりの市民と世間話しをしながら感じた，現時点の我が国では望むべくもないイメージが筆者の環境法学の根底にある。

　本書はドイツ環境法に関する研究成果の集約でもある。近年，ドイツ法学者から日独法学交流の先細り現象を懸念する意見をしばしば耳にすることもあって，本書は敢えてドイツ環境法の基礎理論に焦点を当てている。ドイツ環境法研究はそれ自体が目的ではなく，あくまで我が国の環境法学研究のための素材の一つでしかないが，それでも，次世代の我が国と世界の発展を背負うため社会に巣立とうとする学生諸君がドイツ環境法学の蓄積を踏まえた環境法学の基礎研究の一端を勉学することによってわが身を肥やすことは意義あることと考える。

　本書を出版できるのは株式会社成文堂および同社取締役土子三男氏のご厚

意の賜物であり，厚く感謝申しあげる。なお，本書の文献注記は末尾参考文献欄記載の略称によった。

2010年2月

明治大学法学部
松　村　弓　彦

『環境法の基礎』目　次

はしがき

第1章　環境と環境法 … 1
一　環境法 … 1
1　はじめに … 1
2　環境法生成の日独比較 … 2
(1)　ドイツ … 2
(2)　我が国 … 4
3　環境法の体系と環境法典編纂事業 … 8
二　環　境 … 10
1　各国法上の定義 … 10
2　我が国の法制度 … 11
3　考　察 … 12
三　環境権と環境配慮義務 … 13
1　環境権 … 13
(1)　環境権論 … 13
(2)　ドイツにおける環境権論 … 14
2　環境配慮義務 … 16
(1)　比較法 … 16
(2)　我が国における課題 … 18
四　環境損害 … 19
1　はじめに … 19
2　ドイツ学説 … 20
(1)　自然科学上の環境損害 … 21
(2)　法的な環境損害の定義 … 21

(3) 環境に対する損害 …………………………………………………… 22
　3　考　察 …………………………………………………………………… 22
　　(1) 環境損害を構成する諸元 …………………………………………… 22
　　(2) 定　義 ………………………………………………………………… 24
　4　環境損害に対する責任 …………………………………………………… 25
　　(1) 比較法 ………………………………………………………………… 25
　　(2) 我が国における課題 ………………………………………………… 29

第2章　環境管理 …………………………………………………………… 33

一　環境法におけるリスク管理 ……………………………………………… 33
　1　リスク …………………………………………………………………… 33
　　(1) 環境負荷起因リスクと環境リスク ………………………………… 33
　　(2) リスク概念とリスクの諸元 ………………………………………… 34
　2　リスク管理 ……………………………………………………………… 41
　　(1) リスク管理水準 ……………………………………………………… 41
　　(2) リスクの調査・評価・管理 ………………………………………… 43
　　(3) 課　題 ………………………………………………………………… 45
二　リスク管理の方法論 ……………………………………………………… 49
　1　統合的リスク管理 ……………………………………………………… 49
　　(1) 統合的リスク管理の考え方 ………………………………………… 49
　　(2) 経　緯 ………………………………………………………………… 49
　　(3) ドイツ統合的事業認可モデル ……………………………………… 52
　　(4) 統合的環境管理の内容 ……………………………………………… 56
　　(5) 統合的環境管理の機能 ……………………………………………… 63
　　(6) 課　題 ………………………………………………………………… 65
　　(7) 我が国環境法における統合的環境管理 …………………………… 67
　2　計画的リスク管理 ……………………………………………………… 68
　　(1) 実効性の担保 ………………………………………………………… 69

(2)　オランダ国家環境政策計画 …………………………………… *69*
　三　リスク管理と原則論・政策手法論 …………………………………… *71*
　　1　リスク管理と原則論 ……………………………………………… *71*
　　2　リスク管理と政策手法論 ………………………………………… *72*
　四　役割分担 ………………………………………………………………… *74*
　　1　共同の責任 ………………………………………………………… *74*
　　2　国・地方公共団体の責任 ………………………………………… *75*
　　　(1)　事　例 ………………………………………………………… *75*
　　　(2)　考　察 ………………………………………………………… *81*

第3章　環境法の原則 …………………………………………………… *83*
　一　はじめに ………………………………………………………………… *83*
　　1　比較法・学説 ……………………………………………………… *83*
　　2　行動準則 …………………………………………………………… *87*
　　3　固有性 ……………………………………………………………… *89*
　二　伝統的3原則 …………………………………………………………… *90*
　　1　予防原則 …………………………………………………………… *90*
　　　(1)　経　緯 ………………………………………………………… *90*
　　　(2)　考　察 ………………………………………………………… *103*
　　　(3)　周辺原則 ……………………………………………………… *105*
　　2　原因者負担原則 …………………………………………………… *107*
　　　(1)　はじめに ……………………………………………………… *107*
　　　(2)　原因者負担原則の内容 ……………………………………… *108*
　　　(3)　その他の帰責原則 …………………………………………… *117*
　　　(4)　公的負担原則 ………………………………………………… *129*
　　3　協調原則 …………………………………………………………… *131*
　　　(1)　制定法上の協調原則 ………………………………………… *131*
　　　(2)　判例上の協調原則 …………………………………………… *132*

  (3) 学　説 ………………………………………………………………… *133*
  (4) 意義と性格 …………………………………………………………… *133*
  (5) 類型と発現形式 ……………………………………………………… *137*
  (6) 周辺の原則――透明性原則 ………………………………………… *140*
 三　その他の論点 ……………………………………………………………… *141*
  1　自己責任原則 …………………………………………………………… *141*
  (1) はじめに ……………………………………………………………… *141*
  (2) ドイツ環境法上の自己責任原則 …………………………………… *143*
  (3) 考　察 ………………………………………………………………… *147*
  2　統合的環境管理は環境法の原則か？ ………………………………… *155*
  (1) 学　説 ………………………………………………………………… *156*
  (2) 考　察 ………………………………………………………………… *159*
  3　持続的発展は環境法の原則か？ ……………………………………… *162*
  (1) 持続的発展の考え方 ………………………………………………… *162*
  (2) 持続的発展は環境法の原則か ……………………………………… *181*
  4　環境法における信頼保護原則の適用 ………………………………… *192*
  (1) ドイツにおける信頼保護原則の適用 ……………………………… *192*
  (2) 我が国における信頼保護原則 ……………………………………… *201*
  (3) 環境法における信頼保護原則 ……………………………………… *202*

参考文献 …………………………………………………………………………… *203*

第1章　環境と環境法

一　環　境　法

1　はじめに

　他の法領域と比較した場合の環境法の最も際立った特徴は，保護法益を伝統的保護法益（生命・身体・健康および財産権等）に限定せず，「環境」をも保護法益とする点にある。

　公害法と環境法は区別を要する。前者は人為的に生じた環境負荷起因の伝統的保護法益に対する損害の未然防止と現実の発生した損害に対する救済を対象とするに対して，後者は伝統的保護法益とともに環境自体を保護法益とする。公害は，「環境保全上の支障のうち，人的活動に伴って諸ずる相当範囲にわたる大気汚染，水質汚濁，土壌汚染，騒音，振動，地盤沈下，悪臭に起因して人の健康または生活環境に係る被害が生ずること」と定義される（環境基本法2条3項）。例えば，大気汚染防止法は「大気の汚染に関し，国民の健康を保護するとともに生活環境を保全」することを目的とするが（1条），ここでは国民の健康と生活環境が保護法益とされ，大気は保護法益の侵害媒体と位置づけられるにとどまり，保護法益ではない。その限りでは，現在でもなお本質的には公害法の領域にとどまる。これに対して環境法は環境自体を保護法益とする。自然保護関連諸法はその例であるが，施設起因リスク管理を目的とする領域でも，先進諸国の環境法あるいは世界環境宣言をはじめとする国際環境条約はすでに1970年代から環境に対する配慮を求めている。例えば，ドイツ連邦イミッシオン防止法は「ヒト，動植物，土壌，

水，大気および文化財その他の財を有害な環境影響から保護する」（1条）と規定し，大気自体をヒトと並ぶ保護法益に位置づける。

2　環境法生成の日独比較

　我が国とドイツは第2次世界大戦後の経済構造に類似性があり，また，1970年前後の時期に第2次世界大戦後の工業振興を中核とする経済復興の歪として環境保護に対する配慮の低下に対する懸念と反省から環境法生成に向けた政策努力が払われた点でも酷似する面をもつ。それ故，両国の環境法生成の歴史を対比することは有益であろう。

(1)　ドイツ

　ドイツ環境法の生成過程をみると，環境法生成前の段階から，行政庁は一般警察法上の違反責任（Störershaftung）を根拠とする違反責任者（行為責任者および状態責任者）に対する危険防御（Gefahrenabwehr）についての干渉権限を有していたので，環境汚染防止とその事後配慮についても，違反責任と危険防御の考え方による公権力の行使が可能であったし，現に，土壌汚染領域では連邦土壌保全法施行（1999年）前はこれによって公権的対応が図られていた。しかし，この考え方は「危険」，即ち，公衆・近隣者に対する損害発生の充分な蓋然性とその緊迫性を前提とするために，損害発生の蓋然性は充分と評価できるに到らない場合，時間的に緊迫性が認められない場合（例えば，次世代以降に損害が発生するおそれがある場合），環境に対する損害のおそれがある場合等では危険に当たらない点に限界があり[1]，環境法はこのような危険防御概念の限界を克服する目的で生成されたが，その過程で二つの方向性が認められた。

　第1は，環境保護を目的とする国家の干渉権限を拡大し，伝統的保護法益（生命・健康，財産権）のほか環境をも保護法益とすること（環境配慮），危

---

1)　拙著『ドイツ土壌保全法の研究』27頁以下。

険より損害発生の蓋然性が低いレベルでの管理を目指すこと（リスク配慮），および次世代を含めた人々の危険・リスクおよび環境リスクに配慮すること（将来配慮）で，このため，施設起因のリスク管理を目的とする連邦イミッシオン防止法，自然・景観保護を目的とする連邦自然保護法，総合的・計画的環境管理を目的とする環境統計法を当面の中核的3本柱とする健康・環境リスク管理の法体系の形成を目指し，1994年・2000年基本法改正によって「国家は，将来世代に対する責任においても，憲法秩序の枠内で，立法による枠内で立法により，かつ，法律と法を基準として，執行権力および裁判を通じて，自然の生命基盤と動物保護する」と規定し（20条 a），環境保護と動物保護を国家目標と位置づけるに到っている。

　第2は，従来の危険防御領域については，原因者等の帰責者に対する関係とともに，公権力との関係でも，あるいは立法により，あるいは解釈論によって，権限付与関係ではなく，より拘束的な形で位置づける方向にある。例えば，2007年のドイツ連邦行政裁判所の二つの先例（BVerwGE 128, 278,[2] BVerwGE 129, 296[3]）と2008年の EU 裁判所判決（EuGH-C-237/07[4]）は，大気質限界値超過のおそれがある場合に行政庁に限界値達成に向けた行動計画策定義務を規定した法制度のもとで，大気質限界値超過の場合に，市民の右行動計画策定請求権と，右行動計画未策定段階での計画外の措置（交通規制等）の請求権が争われた事案で，市民の法的救済の途を広げ，自動車排ガス起因の沿道大気環境質の領域で「大気質に対する市民の権利」を認めたものと評価されている。[5] この事例で問題とされた大気質限界値（Grenzwert）は，目標値（Zielwert）およびこれに相当する我が国の環境基準（環境基準法16条）とは異なり，大気質基準に関する EU 指令によって「ヒトの健康 and/or 総体としての環境に対する有害な影響を発生抑制，防止または低減する目的

---

 2) BVerwGE 128, 278＝NVwZ 2007, 695＝UPR 2007, 306＝ZUR 2007, 360.
 3) BVerwGE 129, 296＝NVwZ 2007, 1425＝UPR 2008, 39＝ZUR 2007, 587.
 4) EuGH-C-237/07（原文：UPR 2008, 391＝ZUR 2008, 587）．
 5) 拙稿「環境関連リスク配慮に対する国・自治体の責任」215頁．

で，一定の期限までに達成し，かつ，達成後はこれを超過してはならない値として，科学知見に基づいて定める一定の水準」と定義され（指令96/62/EG，2条5号），ドイツ法上の限界値も本質的な差はない（連邦イミッシオン防止法第22施行令1条3号）。ドイツ法上，限界値が原則として拘束力を有することについては，学説上異論がない[6]（判例も同旨[7]）。さらに，この点は環境法に限らないが，Fristenlösung 事件に関する連邦憲法裁判所の先例（BVerfGE 39, 1）以降，環境法の領域でも Kalkar 原発事件（BVerfGE 49, 89）をはじめとする判例および Isensee[8]，Murswiek[9] らを嚆矢とする学説によって発展・確立された国家の基本権保護義務論（staatliche Grundrechtsschutzpflicht）によって，従来の危険防御領域では，立法・行政上の意思決定に際して，危険防御領域における裁量権限行使はより拘束性の高い性格のものと理解されている[10]。

(2) 我 が 国

a 環境法の生成

ドイツ法と比較すると我が国の環境法生成過程は大きく異なる。第1に，我が国ではドイツ法にみられる一般警察法の考え方が希薄で，行政庁は立法による授権がなければ生命・健康上の損害あるいは生活環境上の支障の防止に対処する権限を有しなかったために，行政庁に対する公害防止上の干渉権限の付与，拡大に焦点が当てられた反面で，損害発生の蓋然性が高い場合にも，行政庁に対する拘束性の高い性格の環境法形成には，立法上も解釈論上も重点が置かれてきたとはいえない。例えば，地下浸透規制における干渉権限は損害が発生した場合においてすら拘束的でなく，裁量的規定形式が採用

---

6) Rehbinder-14, 11; Engelhardt/Schlicht, 173.
7) BVerwGE, 119, 329（Wöckel-1, 599; ders.-2, 32 参照）; BVerwGE 128, 278.
8) Isensee, 1 ff.
9) Murswiek-1, 1 ff.
10) 拙稿「環境法における国家の基本権保護と環境配慮(2)」107頁。

されているし（水濁法14条の3），基本的人権保護義務論についても消極説が多い。第2に，著しい環境汚染を経験したこのともあって，初期段階では，特に，施設起因リスク管理の領域では，健康，生活環境を保護法益とし，環境を保護法益とせず，環境保護の考え方は，僅かに自然保護領域で導入されたにとどまる。その意味でドイツが環境法の体系化を目指したのに対して，我が国は第1ステップとして公害対策基本法を中核とする公害法の体系化を図り，次いで，第2ステップとして環境基本法制定（1993年）によって「公害法から環境法」への脱皮を目指した。

b　公害対策基本法

我が国の場合，第2次世界大戦前の時代にも，鉱業活動に伴う農業被害，漁業被害等の物的損害事件（例：足尾銅山鉱毒事件），工場廃水，都市廃水に起因する物的損害事件（例：荒田川廃水事件），工場周辺地域におけるばい煙，悪臭等による生活妨害事件等が報告されており，明治44年には工場法により一定規模以上の工場につき認可制が導入されている。民事損害賠償請求事件としては，権利濫用が争われた信玄公旗立松事件（大判大8.3.3民録25輯356頁）があった。

しかし，環境法制定の必要性が飛躍的に高まったのは第2次世界大戦後である。国際的にも，1950年代，1960年代にロンドンスモッグ・エピソード事件[11]あるいはミューズ，ドノラ等の大気汚染エピソードを経験し，これを契機として制定されたイギリス，アメリカ大気清浄法（Clean Air Act）が初期の例である。第2次世界大戦後，我が国は工業立国の途を選択し，高度成長政策，国民生活水準向上政策の歪みとして環境汚染を経験した。民事訴訟としての，いわゆる四大公害事件，住民訴訟としての田子の浦事件（最判昭和57年7月13日民集36巻6号970頁）等はこのような歴史を象徴する。

11）ロンドンスモッグ事件：1950年代から1960年代の時期に，特殊の気象条件下で家庭暖房用石炭燃焼による黒煙と亜硫酸ガスが高濃度で滞留し，時によっては10m先が見えない状態が数日間継続することがあり，老齢者や呼吸器疾患患者に過剰死亡が報告された。

我が国における体系的な環境法制度は公害対策基本法制定（1967年）を嚆矢とする。同法制定前には，生活環境汚染防止基準法構想[12]，水質汚濁の問題に関する「公共用水域の水質の保全に関する法律」(1958年) および「工場排水等の規制に関する法律」(1958年)，大気汚染防止の問題に関する「ばい煙の排出の規制等に関する法律」(1963年)，地下水採取による地盤沈下防止等を目的として一定の地域における工業用の地下水採取を許可制とした「工業用水法」(1956年) および地下水規制法（1963年）が制定されたほかは，「首都圏近郊緑地保全法」(1966年)，「近畿圏の保全区域の整備に関する法律」(1967年) などが環境関連規定を置くにとどまる。この時期の環境法は公害被害の発生に事後的対応を図った感は否めない。例えば，ばい煙規制法は，当時既に日本公衆衛生協会「ばい煙並びに各種化学物質による空気汚染の許容濃度について（答申）」が発表され（1955年），限られた科学的知見を基礎として，ばい煙，亜硫酸ガス，アルデヒド，その他の化学物質について許容濃度を示したが，答申に示された定量的評価が現在の科学の水準に照らしてどの程度評価に耐えるものであるかはともかく，先発工業地帯における当時の大気汚染の状況は著しく（表Ⅰ-1参照），操業開始段階にある後発コンビナートも放置すれば著しい大気汚染を惹起するおそれがあったことに鑑みて制定されたものであった。

　しかし，第2次世界大戦後の大規模工場の集中立地という我が国の産業特性を考えると，環境汚染物質排出源毎の規制には限界があり，排出源全体について計画的な環境保全と環境汚染の未然防止のための法制度を構築する必要性がある[13]。公害対策基本法は，このような特性に配慮して，「事業者，国および地方公共団体の公害の防止に関する業務を明らかにし，並びに公害の

---

12) 1955年。ばい煙，有毒ガス，騒音，振動，汚水，排水，廃液，放射線その一定のもので人の機能または構造上の障害を生じるおそれがあるものを公害ととらえ，一般生活環境に関する基準と発生源における排出基準を定め，公害発生のおそれがある施設につき届出制を予定したが，不成立（「生活環境汚染防止基準法案について」公衆衛生20巻3号56頁）。

13) 公害審議会「公害に関する基本的施策について」

(表 I-1) いおう酸化物濃度および出現頻度（四日市市磯津と保健所・溶液導電率法）

		39 年	40	41	42
磯津	年平均濃度（ppm）	0.075	0.083	0.059	0.065
	0.1 ppm 以下（％）	72.7	71.6	80.3	76.8
	0.2 ppm 以上（％）	13.0	13.3	6.1	6.0
	0.5 ppm 以上（％）	3.0	2.2	0.0	0.1
保健所	年平均濃度（ppm）	0.038	0.036	0.032	0.029
	0.1 ppm 以下（％）	91.8	89.7	91.7	92.8
	0.2 ppm 以上（％）	2.3	2.9	1.7	2.0
	0.5 ppm 以上（％）	0.3	0.2	0.0	0.0

三重県四日市市調べ
［出典］『昭和44年度版公害白書』36頁（1969年）

防止に関する施策の基本となる事項を定めることによって国民の健康を保護するとともに，生活環境を保全すること」を目的として制定された（1条。1993年環境基本法制定により廃止されたが，同法で制度化された環境基準，公害防止計画等の制度は環境基本法に承継された）。同法は，当初，「生活環境の保全については，経済の健全な発展との調和が図られるようにするものとする」と規定し，経済との調和条項を置いた。この規定は経済優先とする誤解が生じたために1970年改正で削除されたが，環境が唯一絶対の価値ではなく，経済と環境とが二者択一の問題でもない以上，環境保全と経済を含めた他の価値とは総合的な調和を図るべきものとする理解は基本的に変わらないと考えられる。現在では環境基本法に，表現は異なるものの，類似の趣旨で，「健全で恵み豊かな環境を維持しつつ，環境への負荷の少ない健全な経済の発展を図りながら持続的に発展することができる社会の構築」という形で持続的発展の理念が規定されている（4条）。

　c　環境基本法

　環境基本法は，公害対策基本法の理念を止揚し，自然環境保全法の基本的な理念をも一体的に取り込んで制定された。制定理由は，一方で，公害から環境へ意識を変革するとともに，環境問題の国際化の中で環境を世代間で公平に利用すべき資源として把えて環境保全を図る必要が認識されてきたこ

と，他方で，このような環境問題の変革の中で都市・生活型公害（大都市の窒素酸化物汚染，生活排水による閉鎖性水域の汚濁等），廃棄物，地球環境等の新しい類型の環境問題に対応するには従来の規制中心の方法では必ずしも十分ではなく，各種の手法により経済社会全体の態様や生活様態を総合的に変革する必要が認識されたこと等であった。

　公害防止を中核とする公害対策基本法に対して，環境基本法は環境を保護法益として強調し，環境負荷レベルで環境保全を図る。しかし，法体系全体としては，公害法から環境法への脱皮は，環境基本法制定後10余年を経た現在でも，未完成である。環境基本法において環境保全のための基本的施策の一つに位置づけられる環境基準（16条）は健康保護と生活環境保全に焦点を当て，環境保護を視野に置いていない。部門法をみても，自然保護あるいはオゾン層保護，気候変動防止等に関する国際環境法の批准に伴う国内法整備の領域では，環基法制定以前から環境保護が立法化されているし，化審法も最近の法改正によって保護法益を環境（動植物の生息もしくは生育）に拡大しているが（1条），施設起因リスク管理領域では環境リスク管理の考え方をもたない部門法も多い（例えば，大防法および水濁法は健康および生活環境を保護法益とする）。土壌汚染対策法，廃棄物処理法も同じである。

3　環境法の体系と環境法典編纂事業

　環境法の対象領域は多様で，我が国でも数十の法律に及ぶ。このような多数の法律の集合体を単一の法律に体系化する試みが，近年，欧州諸国で少なからずみられる[14]。

　ドイツの例をみると，環境法生成過程の初期に Kimminich は包括的法典化の考え方を示し（1972年）[15]，Storm も環境法典を提案し，包括的かつ統一

---

14) EU環境法法典化指向および欧州諸国の環境法典編纂状況は，UGB-RefE-2009-Begründung, 12; Calliess-5, 601; Backes, 293; Kromarek, 299; Lugaresi/Röttgen, 310; Westerlund, 316; Griffel, 324 等。

15) Kimminich, 10 f.(1972). 尤も，Kimminichは，環境法の変化の速度が速いことか

的法典化のために準備を開始すべきことを主張し（1973年）[16]，政府側からも法典化構想が示された[17]。

　法典化の目的は，初期段階では，①環境法の体系化（Systematisierung），および②環境法の諸規定の調和化（Harmonisierung）の2点に集約される。

　その後2009年草案時点で法典化の理由と現代化の理由が再度整理されたが[18]，概ね，以下の如くである。

　　i　ドイツ国内の政策上の事情（①2005年連立協定に基づく政策上の責務であること，②機が熟していること，③連邦制度改革）

　　ii　環境法体系内での整合性と機能性の確保（④環境法の簡易化・整合性の確保と官僚主義の排除，⑤統合的事業認可制度導入による認可手続の簡易化，⑥執行容易性の向上）

　　iii　環境法の簡明化（⑦環境法の法的明確性，継続性，輪郭設定の向上）

　　iv　環境法の現代化と環境管理水準の向上（⑧総体としての環境保全の強化，⑩環境法の革新（現代化・未来像創造性）

　　v　EU環境法との整合性の確保（⑨EU環境法との整合性の強化）

　法典化事業は，教授草案（UGB-ProfE-ATおよびUGB-ProfE-BT），専門家草案（UGB-KomE），作業部会草案（UBG-RefE-1998）と議論を重ねたが，1999年時点で一旦挫折した[19]。我が国と異なりドイツでは連邦制度のもとで水管理，自然保護領域の具体的立法権限は州に属することから，連邦法としての法典化に法律上の障壁があり，2006年連邦制度改革によって再度試みられた2009年草案（UGB-RefE-2009）もこの法律上の障壁を克服することができず，現在では二度目の挫折に到っている[20]。

　我が国では環境諸法の一本化を指向する兆候は，現時点では，皆無だが，

　　　ら，この時点では法典化に消極的であった。
16)　Storm-1, 346の記述による。
17)　BR-Umweltbericht '76, 23.
18)　BMU-6; UGB-RefE-2009(I)-Begründung, 18.
19)　Presseerkälrung des BMU（02.09.1999）.
20)　拙稿「ドイツ環境法典編纂事業と統合的事業認可構想」45頁。

ドイツで法典化の法的障害とされる連邦制度上の問題は我が国では存在せず，また，ドイツで論じられる環境諸法の体系化と調和化を目指す利点は我が国でも本質的には妥当する。

二　環　　　境

環境（Environment, Umwelt）の定義[21]については定説がない。「環境」は環境法における不確定概念のひとつで，比較法的にも定義規定をおく例は少ない。さらに，「環境」以外に環境財，自然，自然財，自然資源，エコシステム等の概念が，系統性なく，かつ，相互の関連性を明確にしないままに用いられるために，環境概念の不確定性が増幅される。

1　各国法上の定義

アメリカ環境政策法[22]は，「人間環境は，自然的，物理的環境及び人間と環境との相互関係を含めるよう包括的に解釈されるものとする」（第1508.14条）として，人間生活をとりまく環境を広く捉えた。1990年イギリス環境保護法[23]によれば，「環境とは以下の媒体，すなわち大気，水および土壌の全部または一部からなる。大気の媒体は建造物内の空気および地上もしくは地下のその他の自然もしくは人工の構造物内部の空気を含む」（1条2項）。環境媒体をとらえるにとどまる点で狭いのは本法の適用範囲との関連による。ドイツでも，環境影響評価法（1990年）は環境の定義を持たず，環境影響評価の対象となるべき影響して，①ヒト，動植物，土壌，水域，大気，気候，景観およびこれらの交互作用，②文化財その他の財物を挙げるが（2条1項），本法と離れて環境自体の定義と理解することはできない。連邦イミッシオン防

---

21)　参考文献として，Summerer, 210.
22)　環境・公害関係資料集12巻5443頁。
23)　明治大学環境法研究会訳「イギリス環境保護法」(1)季刊環境研究92号159頁，(2)同93号137頁，(3)同94号116頁，(4)同95号146頁。

止法は，イミッシオンの定義を，ヒト，動植物，土壌，水域，大気，文化財その他の財物に影響を与える大気汚染，騒音，振動，光，熱，放射線その他の環境影響と定義する（水質汚濁が含まれていないのは，水規制が水管理法によるためである）。その他の環境影響とあるように，ここでも環境自体の限界づけはなされていないし，同法の適用範囲との関連で規定されるため，環境の定義の全貌を知るには必ずしも適切とはいえない。

環境を直接定義する試みとしては，ISO 14001が「大気，水質，土地，天然資源，植物，動物，人およびそれらの相互関係を含む，組織の活動をとりまくもの」と定義する例がある（3.2項）。この規定によれば，文化的，歴史的遺産は含まない。前記ドイツ環境法典草案は環境の定義規定を予定する。即ち，1997年ドイツ環境法典草案（Kom-E）は環境を「自然系，気候，景観および保護に値する事物」と定義する。ここで自然系とは，「土壌，水，大気および生物（自然財）ならびにこれら相互間の相互機能形態」をいう。そのうえで，草案は，各論として，自然および景観の保全，水資源および水質保全，土壌保護，イミッシオン防止，原子力および放射線，有害物質，廃棄物に関する規定を置く。2009年草案（UGB-RefE-2009）では，「動物，植物，生物多様性，土壌，水域，大気，気候および景観ならびに文化財その他の財（環境財）」との定義規定を予定した（4条1号）。しかし，「その他の財」を含めるために，不確定性が解消されるわけではない。

2　我が国の法制度

環境基本法は「環境の保全」（1条），「地球環境の保全」（2条2項），「環境への負荷」（2条1項）等の概念を用い，「公害」の定義規定を置くが（2条3項），「環境」の定義規定をもたない。部門法にも定義規定は見当たらない。環境影響評価法に基づく環境影響評価項目に関して以下の事項を定め（環境影響評価法第4条第9項の規定により主務大臣及び国土交通大臣が定めるべき基準並びに同法第11条第3項及び第12条第2項の規定により主務大臣が定めるべき指針に関する基本的事項（平成9年環告87号）第二，一，(2)および別表），

環境概念の構成要素の一部を例示するが，これをそのまま我が国における環境の定義と位置づけることはできない。

　　i　環境の自然的構成要素の良好な状態の保持
　　　　・大気環境（大気質，騒音，振動，悪臭，その他）
　　　　・水環境（水質，底質，地下水，その他）
　　　　・土壌環境・その他の環境（地形・地質，地盤，土壌，その他）
　　ii　生物の多様性の確保及び自然環境の体系的保全（植物，動物，生態系）
　　iii　人と自然との豊かな触れ合い（景観，触れ合い活動の場）
　　iv　環境への負荷（廃棄物等，温室効果ガス等）

3　考　　察

ドイツ語の「環境（Umwelt）」は「世界をとりまくもの（um Welt）」を意味する。即ち，環境は人間生活を取り巻くすべてのもので，人間生活の外的，内的な豊かさの構成要素となるものをいい，具体的には，①環境媒体（大気，水，土壌），②気候，③生活環境，③生物多様性，④自然資源（景観，アメニテイを含む），⑤自然的，文化的，歴史的遺産を含む。

具体的範囲は世代間公平の観点に配慮して判断すべきであるが，①大気，水（地下水，河川，湖沼，海洋等を含む），土壌（狭義の環境媒体），②平穏な生活の場（騒音，臭気，振動，日照妨害，電波障害，放射線，病原体等による生活妨害のない生活環境），③動植物の生態系とその多様性，④景観を含む自然資源，⑤自然的，文化的，歴史的遺産・遺跡等，⑥生態系，自然資源，遺産等とのふれあい等，これらと人との交互作用を含む広い概念ととらえたい。したがって，環境保全は，このような意味での環境に対するリスク，負荷，侵害に対する事前の配慮，あるいはこれらが発生した場合の事後配慮（原状回復，代償措置等）を内容とする。

三　環境権と環境配慮義務

1　環　境　権

(1)　環境権論

　環境権論は一方で運動論，他方で立法政策論，特に，憲法改正論との関連で主張されるが[24]，学問レベルでは，そこにいう環境権の具体的内容および民事訴訟，行政訴訟においてどのような形で主張し得るものかについて深化が少ない。理論的な問題として，性質上公共財に位置づけられる環境に対して，何故に特定の権利主体がこれに対する権利を有し，かつ，他の権利主体に対してこれを主張できるかについて，説得力ある説明は，現状では，存在していない。差止請求訴訟で原告側が主張する例も多いが，下級審では消極的である。尤も，仙台地判平6・1・31（判時1482号3頁，判タ850号169頁）は「原告らが主張する環境権が実定法上明文の根拠のないことは被告の指摘するとおりではあるものの，権利の主体となる権利者の範囲，権利の対象となる環境の範囲，権利の内容は，具体的・個別的な事案に即して考えるならば，必ずしも不明確であるとは速断し得ず，環境権に基づく本件請求については，民訴法上，請求権として民事裁判の審査対象としての適格性を有しないとはいえない」として訴えの適法性を認めたが，「原告らの環境権に基づく本件差止請求も，本件原子力発電所が原告らの環境に対し運転又は建設の差止めを肯認するに足りるほどの危険性があるか否かという点にかかるものということができる点においては，人格権に基づく請求と基本的には同一である」としているから，環境に対する権利という意味で独自の権利性を承認したものとは理解することが困難である。

---

[24]　学説の整理については，小賀野「環境権・環境配慮義務」18頁，南・大久保『要説環境法』37頁）。

(2) ドイツにおける環境権論

この点はドイツでも本質的な差はない。

ドイツ基本法上，環境に対する包括的な基本権ないし環境権を明記する規定は存在しない。[25] 基本法上自然の固有の権利も存在しない。[26] 20条 a 制定前の時点で，既に基本法上環境保全関連立法権限規定は存在したが，これらの規定は環境の保全ないし保護を目的とする国家の具体的な行動義務を根拠づけるものではない。[27]

環境はその中核部分は公共財であるから，[28] 個人の権利，特に，基本権の客体に位置づけることはできない。野生動物についても同じである。[29] 生命・身体の健全性の保障に関する2条2項の規定から，あるいはこれと人間の尊厳の保障に関する1条2項の規定を結びつけても，単に事実上の侵害（例えば，自然の享受の侵害）に対して環境基本権侵害と評価することは困難である。[30] 環境と動物の保護に関する国家目標規定（20条 a）も，規定の名宛人は国であり，企業，経済界団体，市民，環境保護団体等ではない。[31] 憲法委員会報告も，同条を客観法的国家目標規定であり，市民の請求権の要件事実を定めるものではないものと位置づけた。[32] この考え方は20条 a 制定前および[33]

---

25) ドイツにおける環境基本権論の推移については Benda, 244参照。州法でも環境配慮に対する主観的権利としての保障を規定する例は少ない。例えば，Baden-Würtemburg 州憲法86条は自然の生命基盤の客観法的保障を，Bayern 州憲法141条 3 項 1 文は包括的環境基本権ではなく，自然利用に対する基本権を規定し，自然環境への立ち入りに対する権利を規定するが，環境の変質に対する保護請求権を規定していない。
26) Weber, 83.
27) BMI/BMJ (Hrsg.), Bericht der Sachverständigenkommission, 84.
28) Murswiek-2, 54.
29) Reich, 39.
30) Benda, 243; Steinberg-2, 1991.
31) Heselhaus-2, 27; Murswiek-7, 812.
32) Bericht der Gemeinsamen Verfassungskommission, 67.
33) BMI/BMJ (Hrsg.)-Bericht der Sachverständigenkommission, 102.

制定後の学説（多数説）と一致する。それ故，同条は市民に具体的権利を付与するものではなく，いわんや，この国家の義務は完全無欠の環境に対する主観的権利を与えるものでもない。無論，市民は国家機関の自然の生命基盤の保護措置によって，基本法上の保障が強化される反射的・間接的メリットを受けるし，他の規定に基づく請求権が20条aによって拡大する結果をもたらすことは考えられるが，それを超えて，市民に主観的権利を創設したわけではないし，所謂環境権を認める趣旨でもない。それ故，20条aを根拠として基本権保護義務を導くことも，国家に対する訴訟によって一定の環境保全上の作為，不作為ないし事後改善あるいは一定の環境上の決定その他の具体的な行動を請求することもできない。また，20条a違反の場合にも，基本権ないし基本権に類する権利にかかわりがないから，憲法異議もできず，職務責任（民法典839条），国家賠償責任（基本法34条）を理由とする損害賠償請求もできない。

　連邦行政裁判所の先例は基本権としての環境権に消極的である。例えば，BVerwGE, 54, 211 (NJW 1978, 554＝DVBl.1977, 897) は，直接保護義務を論じてはいないが，「基本法2条以下の規定で保護される一定の保護法益以外に，主観法上広範な保護を付与する環境基本権は憲法上存在しない」といい，基本法2条1項に基づく相隣関係上の請求権を原則的に消極に解して

---

34) Sommermann, 39; Heselhaus-2, 15; Murswiek-7, 815.
35) Peters-1, 555; Waechter-1, 321.
36) Vogel, 499.
37) Kloepfer-8, 74; Murswiek-3, 223.
38) Uhle, 952; Murswiek-7, 815.
39) 但し，Steinberg は批判的である（Steinberg-2, 1991）。
40) Peters-1, 555.
41) BMI/BMJ (Hrsg.)‐Bericht der Sachverständigenkommission, 85. 積極例として Schleswig-Holsteinischen, VG, JR 1975, 130 が挙げられることがあるが（例えば，Lücke, 289），この事例は，非喫煙者である歯科医がレントゲン施設の放射線予防に関する講習会参加に際して，主催者である州歯科医師会に対して，会場での禁煙措置を求めた例で，身体の健全性（基本法2条1項）を根拠に人格権侵害を認めたものである。

いる。[42]

学説には自然の固有権等を提唱する説[43]，あるいは社会的基本権としての人間の尊厳に値する環境に対する基本権を論ずる説[44]も存在するが，少数説にとどまる。多数説は消極的で，例えば，Kloepferは，「社会国家原則からも，基本法2条2項または2条1項からも，包括的な環境配慮請求権も個々の基本権の保護法益を超える環境配慮に対する基本権も発生しない」といい[45]，さらには，基本法に環境権規定を置くことにも消極的で，利点よりも短所の方が大きいという[46]。

2　環境配慮義務

環境権を消極に解することは，無論，環境保護の必要性を否定することを意味しない。より高い水準の環境質の確保を目標とすることは環境法の本質的要請である。このために，環境に対するリスクと損害の発生を防止するための事前配慮措置と，環境損害が発生した場合における原状回復その他の事後配慮措置を講ずるための法的システムがなければならない。

(1)　比　較　法

比較法的には，このような意味での環境配慮義務を憲法に明記する方向にある。例えば，ドイツ基本法は，前記20条aによって国家目標規定として環境配慮を規定する。この規定は環境保全に関する国家責務規定の新設（1994年改正）[47]と動物保護規定の追加改正（2002年）[48]による。1994年改正に

---

42)　BVerfG NJW 1975, 2355＝BVerwG DÖV 1975, 605.BVerfGE 46, 160＝NJW 1977, 2255も同旨。
43)　拙稿「ドイツ環境損害（責任）法案と環境損害(2)」113頁。
44)　Scholz, 234 f. 但し，Scholzは，間接喫煙の健康リスクからの保護を論じ，健康な環境に対する基本権には消極的であるが，人間の尊厳との関連で基本権を論ずる。
45)　Kloepfer-1, 39 (1978); ders. -10, 134 (2004).但し，環境法の初期段階では環境権が機能をもち得ないとはいえないとする説があった（Steiger, 65）。
46)　Kloepfer-1, 39.
47)　同条にいう「自然の生命基盤」の定義は解釈に委ねられる。連邦参議院提案は「人

三　環境権と環境配慮義務　　*17*

際しては，①環境保全規定案[49]，②国家責務規定案，③国民の権利規定案[50]等が提案されたが，憲法委員会では国家責務規定案が採択された[51]。立法過程では，人間中心的規定とするか否かおよび他の国家行動に対する優位性を規定するか否かに議論の焦点が当てられた[52]。「自然の生命基盤」の人間中心性（Anthropozentrik）に関しては[53]，文言上「人の」と明記されてはいないが，多数説によれば，人間中心性を内在する[54]。それ故，環境保護の国家目標も基

の自然の生命の基盤」とすることによって，保護法益を環境ではなく人の生命の基盤であるとしたが，改正法では「人の」の文言がない。Kloepfer は，環境とほぼ同義ととらえ，自然的という以上社会的環境は射程範囲に属さないが，人為的に創造された環境（例えば，海浜公園等の人工的自然地域）は含めて良いとする（Kloepfer-11, 120）。

48)　動物が生命体として他の権利客体（物）とは差があることを基本法上明記したものであるが，1986年改正動物保護法において，「本法は，共存生物としての動物に対する人の責任から，その生命と健康を保護することを目的とする。何人も，合理的な理由なくして，動物に苦痛，病気または損傷を加えることができない（1条）」として，動物が共に被創造物として保護すべき対象とすることが規定され，1990年改正ドイツ民法典が，「動物は物に非ず。動物は特別の法律の保護に服する。別段の定めがない限り，動物には物に適用する法令の規定を準用する」と規定しており（90条 a），これを基本法に明記した点に意義がある。民法典90条 a は，1988年オーストリア一般民法典286条 a（「動物は物に非ず；動物は特別の法律の保護に服する。物についての規定は，別段の定めがない限りにおいて，動物に適用する」）を範とし，民法典90条 a は，動物保護の理念的な配慮，即ち，生命体としての動物とその他の物とはおのずから差があるとの認識にたって，動物保護の倫理的な理念を私法上明らかにするが（BT-Drs. 11/5463, 5. BT-Drs. 11/7369, 5; Mühe, 2240; Pütz, 172），物の定義（90条：本法において物とは有体物に限る）自体は変更されていないから，動物が権利の客体でないこと，況んや，権利の主体であることを意味しない。

49)　代表的な1987年連邦参議院提案は以下のとおりである。「(1)人の自然の生命の基盤は国家の保護下に置く。(2)連邦および州は他の法益と国家の責務と勘案して法律で詳細な規定を置く」

50)　代表的な1984年緑の党による2条3項新設提案は以下のとおりである。「何人も健全な環境と自然の生命基盤の保全に対する権利を有す」

51)　BT-Drs. 12/6000, 65.

52)　Murswiek-3, 75; Uhle, 949.

53)　例えば，Müller-Bromley, 111; Kloepfer-7, 37 ff.; Murswiek-7, 802 (2007).

54)　Weber, 83; Kloepfer-6, 16. これに対して，Bosselmann は，環境配慮の観点から基本法解釈論として非人間中心性の拡大を検討する（Bosselmann, 80 ff.）。

本権，保護法益，他の国家目標等に関する基本法全体の価値評価との整合性のなかで理解しなければならない。また，同条は他の国家目標，基本権等との序列を直接規定はしておらず，優位性[55]ないし絶対性[56]を認めていない。それ故，観念的には，保護法益としての環境は他の国家目標あるいは基本法上の保護法益と比較して優先的に位置づけられるわけではなく，対等であるが（BVerfGE 50, 290（337）も個々の基本権の重要性は他の基本権との関係で同等という）[57]，基本法全体の整合性の観点からみると，1条1項を間中心的ととらえ，環境保護の国家目標をその範囲では劣後的とする理解も少なくない（例えば，生命，健康のような保護法益と対比した場合）[58]。いずれにせよ，国家目標の具体化に際しては他の国家目標との総合的な調整が不可欠である[59]。

　オランダ基本法は国家の環境配慮について「政府は国土の居住性および生活環境の保全と改善に向けて配慮する」と規定するとともに（21条），環境管理法が「何人も環境に注意深く配慮する」と規定し，その内容を，「その作為または不作為が環境に対して悪影響をもたらすおそれがあることを認識しまたはこれを合理的に疑うことができる者は，合理的にこれを求め得るときは，その行為を控え，その結果を未然防止するために合理的に求め得るあらゆる措置を講じ，または，その結果を未然防止することができないときは，これを最小としもしくは原状回復する義務を負う」とすることによって，市民・企業の環境配慮義務を明記する（1.1条a）。

(2)　我が国における課題

　環境基本法19条は国家の環境配慮を規定する。しかし，この規定は他の国家目標に対する環境保護の優位性を意味しないし，この規定から市民の国に

---

55) Murswiek-7, 811.
56) Peters-1, 556.
57) Uhle, 952.
58) Habel, 165. 20条a制定前であるが，連邦憲法裁判所もヒトの生命に最高の価値を位置づける（BVerfGE 46, 160）。
59) Meyer-Teschendorf, 77.

対する特定の環境配慮請求権を導くこともできない。

　我が国の環境法はより高い水準の環境質を確保するための体系的な法的システムをもたない。確かに，気候変動防止，オゾン層保護等の環境条約の批准によって，その範囲での環境損害の事前配慮のための法的システムが存在するし，化学物質の製造・輸入規制に関する化審法は環境を保護法益とするが，施設起因リスク管理の領域では環境を保護法益とせず（例えば，大防法1条，水濁法1条等），したがって環境影響評価制度以外は環境損害に対する事前配慮，事後配慮のシステムをもたない。廃棄物起因リスク領域も同じである（同法1条）廃棄物起因リスク領域も同じである。僅かに，自然保護領域では，当然ながら，自然資源損害の事前配慮，事後配慮システムが規定されているが（例えば，自然環境保全法），例えば，ドイツ連邦自然保護法が自然・景観に対する干渉に際して，原因者に発生抑制可能な侵害の禁止，発生抑制不能侵害の代償ないし賠償措置に関する一般的義務を課し（19条），連邦イミッション防止法が要認可施設設置者の一般的義務として総体としての環境に対する高い保護水準の保障を義務づける（5条）のと比較すると，我が国では面・点ベースで指定された範囲での自然保護にとどまること，適法行為起因の環境損害に対する事前配慮，事後配慮のシステムをもたないこと（例えば，自然環境保護法18条，自然公園法27条）等の点に限界がある。

四　環境損害

1　はじめに

　環境損害概念の理解も確立しているとはいえない。
　環境損害の定義を国際法上の定義と国内法上の定義を区別する考え方もあるが，特定の条約あるいは法律が環境損害のうちどの部分を適用対象とするかは個別に決定しなければならないが，環境損害の定義を論ずるうえでは，国際法上と国内法上を区別すべき必然性は少ないと考えられる。環境リスク

の定義に際しても環境負荷起因リスクと環境財に対するリスクを区別できると同様に，環境損害についても伝統的保護法益（生命・身体・財産権）に対する環境負荷起因損害と環境財に対する損害を区別することが有益である。

2 ドイツ学説

1980年代のドイツ環境法学説上の議論を振り返ると，①環境汚染起因損害，②遠隔地・重合汚染起因損害（概念的には①環境汚染起因損害に含まれるが，特定の原因者と特定の損害との間に因果関係ないしその寄与率を特定することが不可能な損害で，具体的には森林損害を想定する），③環境財に対する損害の三つが混在して論じられていた。第1の環境汚染起因損害はドイツでは環境責任法（1990年）[61]に，我が国では大気汚染防止法（25条以下），水質汚濁防止法（19条以下）に無過失責任制度の形で制度化された。第2の遠隔地・重合汚染起因損害については，EUレベルの基金制度提案，オランダ大気汚染基金（環境管理法15.24条以下[62]），ドイツ環境協定等の例があるが，我が国ではこれに配慮する責任制度は現時点でも存在しない。第3の環境財に対する損害についての事前配慮・事後配慮責任制度はEU環境損害責任指令によって具体化されているが，我が国では，自然保護関連諸法，油濁損害の例があるほかは，一般的法制度は未だ存在しない。

ドイツ学説をみると，第1説（環境影響起因損害説）[63]は環境損害を環境影響起因損害ととらえるが，所有権等の権利帰属を区別しない説（第1-a説）[64]と，所有権等に帰属しない自然財に対する損害に限定する説（第1-b説）[65]に分かれる。第2説（環境財・自然財に対する損害説）は，Naturhaushaltに対する侵襲とする。Naturhaushaltは，連邦自然保護法上，「土壌，水，大気，

---

60) 藤村「製品起因損害に対する責任」47頁（2007年）に学説の整理がある。
61) 春日ほか「ドイツ環境責任法」16頁。
62) 松村ほか『オランダ環境法』157頁。
63) 拙稿「ドイツ環境損害（責任）法案と環境損害(1)」153頁。
64) Günter, 13.
65) Langhaeuser, 42 ff.

気候，動物，植物とこれらの交互作用」と定義され（10条1項1号），所謂エコシステムと基本的な差はないものと考えられる。この説も，所有権等への帰属を区別しない説（第2‐a説），侵襲を受ける環境財の権利帰属性の有無に着目し，所有権等に属さない環境財ないし自然財に対する損害とこれに属するそれを含めて環境損害ととらえる説（第2‐b説。多数説と思われる），所有権等に属さない環境財ないし自然財に限定する説（第2‐c説）に分かれるが，Naturhaushaltに対するどのような態様の侵襲を指すかについては定説がない。第3説は，環境影響起因損害と環境に対する損害をともに含むとする。Kohlerは多義的な定義を整理し，環境損害に四つの定義があるとする（但し，このうち第4の定義は第1ないし第3の定義と重なる）。

(1) 自然科学上の環境損害

人為的な環境影響による自然および生物学的・全体的機能システムとしてのNaturhaushaltの非生物学的要素に対する侵害のうち，持続的かつ著しくないとはいえないすべてのものをいう。侵害の原因，侵害の物質的・非物質的評価，賠償可能性は関係しないが，自然の順応力，吸収力，代償力，再生力を考慮して，持続的か否かに配慮する必要がある。

(2) 法的な環境損害の定義 (ökologische Schäden; Öko-Schäden)

　a　狭義：環境影響の結果として生じた，個人の権利主体に帰属しないNaturhaushaltまたはその構成要素の侵害をいう。通常，市場が存在しないから損害評価が難しい。財産損害が存在しないことは定義上不可欠ではない。性質上代償不能の環境損害は除外される（水上交通法上，州水法上または

---

66) Lummert/Thiem, 171 ff.; Hoffmeister/Kokott, 45 (2002); Lytras, 29 ff. u. 183.
67) Rehbinder-2, 105 ff.; Kloepfer-3, 64.
68) Gmilkowsky, 50.
69) SRU, Umweltgutachten 2004, 412; Meyer-Abich, 187.
70) Schulte, 284 f.
71) Kohler, 25 ff.

その他の私法によって帰属が決められ，かつ，事実上支配されている水底，水域（流水を含む）は狭義の環境損害に当たらない）。

　ｂ　広義：原状回復できないか，原状回復に長期間を要する財産中立的性状変更の形での侵害に限定して，私的権利に帰属するものを狭義の環境損害に含める。この考え方では所有権侵害と環境侵害の競合もあり得る。

(3)　環境に対する損害（Umweltschaden）

　個人または共同体（の権利）に帰属する環境財に対する損傷で，特定の加害者に帰責できないものを意味する概念として，環境損害（ökologische Schäden）と区別して用いられることがある（主として，複合原因の場合，重合汚染の場合，長期・遠隔地損害の場合を指す）。

3　考　察

(1)　環境損害を構成する諸元

　我が国の環境法学説は，これを環境自体に対する損害，即ち，伝統的な損害（ヒトの生命・健康・身体に対する損害および財産権に対する損害）以外の損害ととらえる点では認識が共通すると考えられる[72]。例えば，一之瀬教授は「大気，水，土壌，動物相・植物相およびそれらの相互作用に対する損害」と定義する[73]。しかし，環境の自然的再生能を踏まえたうえで，環境財に対する侵襲のどのような状態を環境損害ととらえるかについては議論の深化がない。また，Rehbinder が指摘するように，環境財が所有権等に帰属しない場合と所有権等に帰属する物的財産に付帯する場合とを区別する認識も殆どみられない。しかし，後記 Bayern-Frosch 事件（BGHZ 120, 239）にみるように，動植物の種，その生息域，自然的・歴史的・文化的遺産等を念頭に置くと，所有権等に帰属する財に環境としての価値が付帯する場合が存在するこ

---

72)　大塚『環境法』79頁，蓑輪「環境損害概念の意義について」59頁。
73)　一之瀬「環境損害の責任のしくみ」59頁。

図1

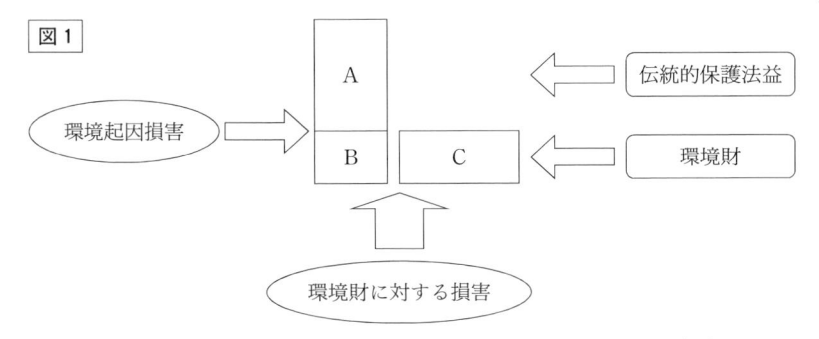

```
環境起因損害 ⇒ [A / B][C] ⇐ 伝統的保護法益
                            ⇐ 環境財
              ⇧
         環境財に対する損害
```

A：伝統的損害（人的損害＋物・動物損害＋非財産的損害）
B：環境財（権利の客体となる物・動物に付帯するもの）に対する損害
C：環境財（権利の客体でないもの）に対する損害

とは否定できない。

ドイツ学説には以下の5つの要素に対する評価に見解の対立と混乱があると考えられる（図1参照）。

　i　権利の客体でない自然財に対する損害のうち，環境媒体に対する負荷に起因するもの

　ii　権利の客体でない自然財に対する損害のうち，環境負荷以外の原因に起因するもの

　iii　権利の客体たる物・動物に付帯する自然財に対する損害（vに当たる損害を除く）のうち，環境媒体に対する負荷に起因するもの

　iv　権利の客体たる物・動物に付帯する自然財に対する損害のうち，環境負荷以外の原因に起因するもの

　v　身体・健康・生命および権利の客体たる物・動物に対する損害のうち，環境媒体に対する負荷に起因するもの

しかし，環境損害の定義に際しては，①環境の定義，②権利帰属性（所有権等の権利に帰属するか否か），③起因性，④損害に対する法的評価等の要素が斟酌される。このうち損害に対する法的評価は，④-a)持続性（自然的再生能との関連），④-b 非悪化原則との関係（環境に対する侵襲の結果創造される新たな環境との考量関係），④-c 重大性ないし社会的許容性等の要素に対する

評価に左右される。環境損害の定義の問題とその法的救済ないし帰責の問題（⑤原状回復の可能性，⑥因果関係の証明の困難等の要素）とは区別しなければならない。また，環境損害を考える場合には，環境とその構成要素を区別しなければならない。環境の個々の構成要素に対する侵襲を超えて総体としてのエコシステム（Gesamtheit der Ökosysteme. ドイツ環境法でいう "Naturhaushalt（（連邦自然保護法10条1項1号はこれを「土壌，水，大気，気候，動物，植物とこれらの交互作用」と定義する）" はこれに近い[74]）に対する侵襲と評価できる場合に環境損害を観念できるが，現実には無傷の環境など存在するわけではないから，環境財に対する侵襲のすべてが法的責任の対象となるわけでもなく，人間中心的価値評価を前提とせざるを得ない。

(2) 定　義

　私見によれば，環境損害は以下の如く定義できよう（以下で単に「環境損害」というときは広義の概念を指す）。いずれも環境負荷起因の損害に限らない。

・狭義の環境損害：権利の客体でない環境財（①大気・水等の環境媒体および気候，②野生動物・微生物等の生態系，③景観，④生物多様性，種の保存等の観念的価値等）に対する著しく，かつ，社会的に許容されない損害。土壌については，所有権が及ばない深々部の土壌以外は第2類型に当たる（以下，「第1類型の環境損害」という）。

・広義の環境損害：①第1類型の損害および
　　　　　　　　　②権利の客体としての環境財（私有財産・公有財産としての土地の土壌機能，水域，動植物・微生物，歴史的・文化的・自然的遺産等に付帯する公共財としての価値）に対する著しく，かつ，社会的に許容されない損害（以

---

74) Wolff-2, 6.

下，「第2類型の環境損害」という）

第1類型と比較すると，第2類型の環境損害には以下の特徴がある。したがって，法的救済の方法論は第1類型と異なる部分も生じ得る。

　　i　所有権等の権利者による法的救済請求が，一定の制約のもとで，可能であること

　　ii　所有権等の権利者が環境損害の加害者あるいは協力者になる場合があること。Medicus[75]が「環境は売却可能か」と論ずる問題であるが，第2類型の環境損害，特に，物固有の価値に付帯する環境価値部分は，所有権等の権利者に帰属させるのではなく，公的帰属と解される。

　　iii　責任論の側面で所有権保障との調整を図る必要があること

4　環境損害に対する責任

(1)　比　較　法

国際法領域では油濁損害，有害廃棄物越境移動起因の環境損害，南極条約に基づく責任議定書付属書（後2者は未批准）[76]等に環境損害に対する責任制度が合意されている。比較法的にはEU環境損害責任指令[77]（およびEU加盟国における右指令国内法化法）およびこれに類するドイツ1997年環境法典草案が予定した制度と，環境損害に対する責任固有の制度ではないが，ドイツ連邦自然保護法上の自然保護団体の協力権・原告適格の制度が参考に値する。

a　EU環境損害責任指令

この指令は環境損害自体の定義を含まないし，環境損害一般についての責任制度を対象とするものでもなく，①保護対象とされる種および自然の生活空間，②水域に対する加害（環境的，化学的，量的状態，その水域の環境上の

---

75)　Medicus, 19.
76)　一之瀬59頁。
77)　Directive 2004/35/CE. ドイツにおける国内法化法について，大久保「ドイツの環境損害法と団体訴訟」1頁；拙稿「ドイツ環境損害（責任）法案と環境損害(2)」113頁。

ポテンシアルに重大な悪影響をもたらす損害),③土壌に対する加害（直接的または間接的に物質,調合品,生物または微生物を持ち込むことによるヒトの健康を侵害する重大なリスクをもたらす土壌汚染）のみを対象とする制度ではあるが,原因者負担原則を基調として事前配慮と事後配慮に関する責任制度を具体化する。

　環境損害に対する法的責任制度としては,大別すると,私法的管理方式と公法的管理方式,両者の組み合わせ方式が考えられるが,本指令は公法的管理方式を基本とする。即ち,環境損害に対する原因者による事前配慮措置（未然防止等）および事後配慮措置（原状回復・代償措置等）について一定の公的機関に公権的干渉権限を付与するとともに,この権限不行使の場合に,一定の環境保護団体に権限発動請求権を付与することによって市民等の保護との調整を図る。

　b　ドイツ1997年環境法典草案が予定した制度

　ドイツ1997年環境法典草案（UGB-KomE）は,自然および景観に対する侵害の原状回復および浄化構想についての規定を予定した（131条,132条）。即ち,環境法の規定違反,施設の違法操業または危険な物質,調合品,製品もしくは廃棄物に関する事故に起因する自然,動植物（ビオトープを含む）または風景の重大なまたは持続的な侵害を生じた場合に,管轄官庁の原状回復（原状回復が不可能または環境上無意味である場合には,可能な限り環境に適合する状態の修復）命令権限,場合によっては命令義務を認める。裁量により,措置命令に代えて必要な措置に要する費用の償還を求めることができる。いずれの場合にも,土地の所有者・占有者は措置の受忍義務を負う。管轄官庁以外でも,施設の違法操業または事故の場合には,環境侵害の防止・低減のための応急措置を講じた者にも,責任者に対する費用償還請求を認める。この規定は,環境侵害の原状回復請求権・義務を導入することを目的とするが,その適用は環境法の規定違反,施設の違法操業または危険な物質等の事故の場合に限定されるので,所謂正常操業の場合には適用がない点が重要である。この草案では,自然,動植物（ビオトープを含む）または風景の

重大なまたは持続的な侵害を生じた場合に，その被害地の所有者または占有者が原状回復措置を行った場合には，所有者・占有者に原因者に対する費用償還請求権を認め（182条2項。請求権の範囲について，原状修復費用が被侵害物の価値を著しく超えるというだけの理由では比例原則に反するとはいえないとする評価基準を示す），狭義の環境損害の原状回復請求権と前記第2類型の環境上の損害の原状回復請求権との調整が図られている（1項3文）。この草案では，公的機関以外の者にも費用償還請求権を認めるが，その範囲は応急措置の範囲に限定され，無条件には認められない。[78]

c　ドイツ連邦自然保護法上の自然保護団体の協力権・原告適格

決定に対する情報参加権と原告適格で構成される。

前者は，連邦または州の承認を受けた一定の団体（環境保護団体）に，①自然保護・景観保全所管官庁の命令，規則の準備，②個人に対して拘束力をもつ一定の行動計画，計画の準備，③自然保護区，国立公園を保全するための規制の免除，④自然・景観への干渉を伴う一定の事業に関する計画策定手続に際して聴聞権を認める。この制度の前身である旧連邦自然保護法29条はCDU/CSUの立法提案（BT-Drs. 7/324），連邦政府草案（同7/886），連邦参議院草案（同7/3879）を併せた審議の過程で作成された1976年規定案（同7/5171）で原型が形作られた。この間，環境問題専門委員会1974年報告書による政策提言[79]として，「環境政策は執行欠缺（特に，下位行政レベル）の現実を踏まえて行うべきで，現行法の実効性を高めるために環境保全部門における行政訴訟法上の訴訟の可能性を拡大し，定款で環境保全の利益を代表する旨規定する団体にも訴訟提起権限を与える方向を支持する」として団体訴訟制度導入が勧告されているほか，自然保護・景観保全が国家の立法権限に属することを明記する基本法改正提案（BT-Drs. 7/885）によって，法制定が側面から支援されたが，最終的には自然保護・景観保全部門での団体訴訟は法

---

78)　UGB-KomE, 709 ff.
79)　SRU, Umweltgutachten 1973.

政策上の意味が例示的にとどまるとの理由から採用されず，これに代えて聴聞権が導入された経緯がある。

後者は，2002年改正法[80]によって導入され，承認環境保護団体に，①自然保護地域，国立公園，その他33条2項に基づく保護地域を保全するための禁止，命令の解除，②自然・景観に対する干渉を伴う事業に関する計画確定決定・計画認可に限定して（公衆参加が予定されている範囲に限る），原告適格を付与する（61条。但し，重複訴訟を避ける意味で，行政裁判所の判決手続の中で行われた決定を除く）。範囲は限定的で，これに該当しない場合には，州法に別段の規定がない限り（5項），認められない[81]。法的救済の対象が限定されたのは，個人権保障原則の例外と位置付けられたためで，拡大解釈，類推解釈による団体訴訟の拡大については消極に解されている[82]。

この法的救済は上記行政行為を対象とし，相手方はその行政行為を行った管轄庁である。したがって，行政行為の対象事業を対象とするものではないから，事業者または原因者に対して直接，環境損害の発生抑制措置・原状回復措置の実施を請求することはできない。行政庁に対して，環境損害の原因者に対する干渉権限行使を請求する根拠ともならない。

この法的救済は，環境保護団体に認められた協力手続が行われ，意見を述べたことまたはこの手続が行われなかったことが前提となる。それ故，協力手続が行われ，そこで意見を述べないまま，後日法的救済を申し立てることは認められておらず[83]，その意味で，協力手続を利用しないことに制裁的要素が機能している[84]。協力手続を制度的に保障することで，行政の意思決定に際

---

80) 大久保ほか「ドイツ連邦自然保護法」54頁。
81) Carlsen, 19.
82) Lorz/Müller/Stöckel, 471.
83) 2002年連邦自然保護法改正前の段階で，判例は事前手続に参加しなかった場合には訴訟権限を認めていなかった（例えば，Schwabenにおける新設道路の計画確定決定に対する異議に関する VGH München, NVwZ-RR 2002, 426）。
84) BVerwG NVwZ 1997, 905 は，（旧）連邦自然保護法29条1項1号4に規定する承認環境保護団体の参加権は，その団体が提供された参加の機会を利用しない場合のほか，これを充分な形で利用しなかった場合にも，侵害されたことにはならないとした。

して環境保護団体保有情報の活用を図るとともに，早い段階での合意形成への努力によって早期紛争解決機能をもち得る。

　法人格を有する環境保護団体が自己の所有権等の権限に基づいて法的保護を求めることは可能であるが，判例は権限乱用による所有権取得の場合には，この資格を認めない[85]。自然・景観に対する干渉を長期間傍観していた場合も同じである[86]。

(2)　我が国における課題
a　環境保護のための法的システム

　前記の如く，現状では我が国の環境法にはより高い水準の環境質を確保するための法的システムが体系的な形では存在しない。それ故，今後，環境損害に対する事前配慮・事後配慮に関する責任制度の導入を議論する前提として，以下のような前提条件を整備しなければならない。

　ⅰ　各部門法において環境自体を保護法益として確立すべきこと

　ⅱ　環境保護は保護対象として面的または点的に指定された環境に限定せず，広く環境自体を保護法益とするために，一般的環境配慮義務を制度化する方向が模索されてよい。この点に関連して，原因行為が環境公法上違法な場合に限定せず，適法行為起因の環境損害についても，事前配慮・事後配慮責任を制度化する必要がある。

　ⅲ　これらの環境損害に対する責任は原因者負担原則を基本とすべきものと考えられるが，原因者負担原則の適用を徹底し，これによって原因者以外による損害負担を最小化するためには，責任履行担保提供義務の制度化が望まれる。この点は，先進諸国に比べて我が国では立ち遅れが著しい。方法論

---

85)　BVerwG NuR 2001, 224. 連邦自動車道についての計画確定決定が争われた事件で，「所有権者の地位が権利乱用に基づく場合には，土地所有権を基礎とする訴訟権限を欠く。所有者が，土地の利用するためではなく，判例上所有者に与えられる手続遂行の形式的前提条件を取得する手段としてなされた場合には，これに当たる」とした。

86)　BayVGH NVwZ-RR 2002, 426.

としては，責任保険，銀行保証等を商品化する場合には，金融市場原理を活用した環境損害の発生抑制・未然防止を期待することができる。

　iv　原状回復も代償措置もできない類型の環境損害に対する配慮が必要である。比較法的には，ドイツの州自然保護法に基づく補償金徴収ないしは州森林法に基づく基金に対する拠出義務あるいは Bruggemeier が立法論として提案する制裁的慰謝料支払義務等の参考例がみられるが，このような環境損害は，考えようによっては，最も重大な環境損害に属するともいえる。[87]

　v　環境に対する侵襲の如何なる態様を環境損害ととらえるべきかについて，自然の再生能に配慮して，環境損害における「損害」の評価方法を検討する必要がある。そうでなければ，環境損害に対する責任範囲を画することができない。

　b　公法上の管理方式と私法上の管理方式

　環境損害に対する事前配慮と事後配慮の法制度化の方法論として，公法上の管理方式（原因者に対する命令権限を公的機関に付与する方式）と私法上の管理方式（原因者に対する請求権を市民側に付与する方式）および両者の組み合わせ方式が考えられる。前記 EU 環境損害責任指令は公法上の管理方式を基本として，公法上の権限発動請求権を市民側に付与する折衷型だが，その選択に際しては以下の3点に対する配慮が求められる。

　(a)　法的論点として，私法上の管理方式による場合の市民側の原因者に対する請求権の法的根拠は何か。狭義の環境損害に限らず，市民側の請求権の法的根拠が示されなければならない。

　(b)　法政策的論点として，環境配慮の目的に照らした場合，環境財の価値評価を弁論主義の枠内で一義的に裁判所に委ねる方法と，一義的には公的機関に委ね，裁判所は公的機関の判断の違法性審査の役割を果たす方法のいずれが合目的的か。この点についてはドイツ連邦憲法裁判所が基本権（基本的人権）保護義務違反の評価に関して示した考え方が参考となると考える。即

---

87)　Brüggemeier, 226.

ち，連邦憲法裁判所は基本権保護の具体的内容は関係する諸々の要素の総合評価を前提として決定されるべきものであるから，立法，行政側の広範な裁量に服し，基本権保護義務違反に対する司法審査権限は限定的で，公権力が保護未然防止措置を全く行わなかった場合または行った措置が保護目標を達成するために全く不適切か完全に不十分であるときもしくはこれを著しく下回る場合に限定する点で一致している（BVerfGE 56, 54; 77, 381; 79, 174; BVerfG ZUR 2002, 347）。環境損害の場合における環境の価値評価基準が客観的な形で存在しない現実のもとで，環境配慮のありかたは一義的には立法，行政側の広範な裁量に委ねる方が環境配慮の目的に適う。[88]

（c）事実上の論点として，環境損害に対する事前配慮，事後配慮は迅速性を求められることが多いと考えられるし，さらに，環境損害が国際的な場で発生することも考えられるから，我が国の現実の裁判制度を前提とする民事訴訟による方式が環境管理の目的に適うかも論点の一つとなる。

　c　加害者としての環境

環境自体が市民あるいは他の環境に対して加害者と評価される場合がある。我が国でも野生動物等の環境財が市民に人的または物的損害を与える事例は少なくないし，環境財が他の環境財を侵襲する事例もある（例えば，野生動物による尾瀬の湿地性植物の劣化，外来生物種による固有種の減少等）。Frosch事件（BGHZ 120, 239＝NJW 1993, 925）は前者の類型の典型事例である。事件は，被告が当局の認可を得て自分の土地に人工的に池を作り，バイエルン州で生息する全種類の蛙を収集してきて，生育させており，この池と生息している蛙は連邦自然保護法，連邦種保全法によって保護されており（この棲息地は州自然保護図にも記載されている），本来の棲息地では既に絶滅し，または絶滅に瀕している種も存在し，許可なく追いかけることも，捕獲することも禁止されているところ，原告（隣家の住人）が蛙の鳴き声（VDI指針2058ないしTA-Lärmに定める値を超える）による騒音被害を理由として，

---

88) 拙稿「環境法における国家の基本権保護と環境配慮(1)」149頁。

蛙の生息域である池の干拓と損害賠償を求めた事案である。一方で原告側の請求を却下・棄却すれば結果として騒音被害の受忍を命ずることになるが，他方で原告の請求を認容して蛙の除去を命ずる判決には法律上の障害がある。

このように環境が加害者に位置づけられる場合には，各々の環境財の価値評価ができなければ系統的な環境保護は困難である。Frosch 事件では連邦自然保護法，連邦種保全法による保護指定があるが，環境財が他の環境財を侵襲する事例では，環境財の環境価値についての政策判断と環境リスクの管理基準（例えば，禁止，制限等）を可能な限り早い段階で決定することが重要である。外来生物種の防除等々の先例は，それが初期に提示されないことに起因する事後配慮の社会的不効率の大きさを示している。

第2章　環境管理

一　環境法におけるリスク管理

1　リスク[89]

(1)　環境負荷起因リスクと環境リスク

　人口増加と豊かさの追及は必然的に人為的活動量を増大させ，人為的活動量の増大は環境負荷起因の伝統的保護法益（生命・身体・健康，財産権）に対するリスクと環境財に対するリスクを高める。環境管理の目的は，これらのリスクの発生抑制・最小化（事前配慮）と，②損害が発生した場合における原状回復，代償措置等を講ずること（事後配慮）にある。環境保護の領域で事前配慮（Vorsorge）の事後配慮（Nachsorge）に対する原則的優位性に疑問の余地はない。リスク管理は事前配慮の中核に位置づけられる。

　環境法において，リスクは伝統的保護法益に対する環境負荷起因リスク（健康（等）リスク）と環境財に対するリスク（環境リスク）を含む。尤も，我が国では「環境リスク」によって両者を包含する用法も見られるが，二つを区別する方が理解しやすい。例えば，大気汚染防止法は人為的に発生する大気汚染起因の伝統的保護法益（健康，生活環境）に対する被害の防止を目的とするが，ここでの大気汚染は環境負荷起因リスク自体ではなくその中間項と位置づけられる。これに対して環境リスクの観点では，伝統的保護法益に対するリスクの有無を問わず，大気汚染自体が環境リスクに当たる。

---

89)　髙橋「環境リスクへの法的対応」271頁。

環境法が対象とする環境負荷起因リスクは人為的環境負荷起因リスクが中心であるが、自然由来の環境負荷起因リスクのすべてを除外するわけではない（例えば、花粉による健康（等）リスク）。またこの場合の環境負荷は狭義の環境媒体（大気、水、土壌）に対する直接の負荷に限らず、物質、製品、廃棄物等に対する有害物質負荷経由の環境負荷を含む。

環境リスクも人為的リスクに限らず、自然由来のリスクを含む場合がある。例えば、外来種による固有種に対するリスク、野生動物による植物に対するリスク等の動植物による環境財に対するリスクはこの例である。また、環境負荷起因リスクに限らず、環境負荷を経由しない環境財に対するリスクを含む。例えば、伐採、乱獲による動植物種に対する絶滅のリスクはこの例である。

(2) リスク概念とリスクの諸元

a 広義のリスクと狭義のリスク

環境法におけるリスク概念は多義的に用いられ、その多義性は健康リスク[90]、環境リスク等の多様な用語法によって増幅されるが[91]、主要な用法として、①ある好ましくない事象の発生確率（定量的概念）、②危険と同義、③特定の行為（施設操業、工事等）に起因する損害（事故、健康影響、環境影響等）発生の可能性[92]、④「危険」の対立概念としてのリスク[93]（保護法益に対する侵襲のうち、「危険」に当たらないものをいうが、「危険」に当たらないものの理解も一様でなく、結果発生確率が小さいもの[94]、危険または因果関係の有無が不確実なもの[95]、不確実な損害発生の可能性[96]等と説明される）等の理解がある[97]。リス

---

90) Murswiek-1, 83; Steier, 23.
91) SRU, Umweltgutachten 2004, 441.
92) Murswiek-1, 83.
93) Murswiek-1, 83.
94) Reich, 2.
95) Möllers, 62 ff.
96) Breuer-8, 213.
97) 拙著『環境協定の研究』86頁以下。

概念は，本来は，自然科学上の概念であるが，このような多様性を踏まえたうえで，環境法におけるリスク管理法政策の観点から法的に整理すると，①損害発生の蓋然性が高い状態（便宜上「第 1 類型のリスク」という），②損害発生の蓋然性が高いというに到らない状態（「第 2 類型のリスク」という），③社会的許容リスク（「第 3 類型のリスク」という）の三つを区別することが有益であろう。[98]「損害」は現に被害が発生した状態で，環境法上は事後配慮（原状回復，損害賠償等）領域の事象であるに対して，リスクは損害発生前の事前配慮（発生抑制，低減，最小化等）領域の問題である。リスクは，広義には，この三類型を含み，この意味では自然科学的概念としてのリスクと一致する。例えば，リスク・コミュニケーションという場合のリスク概念は広義にとらえられる。これに対して，狭義には第 2 類型のリスクを指し，この場合のリスク概念は法的概念である。このリスク区分はドイツ法でいう危険（Gefahren），狭義のリスク（Risiko），残余リスク（Restrisiko）の 3 区分に相当する。[99]

b リスクの諸元

リスクの大きさを規定する要素として，しばしば損害発生の蓋然性と保護法益の重大性（リスク管理によって損害発生から保護される法益の重大性）が挙げられる。

前者（損害発生の蓋然性）は，科学的知見に基づいて一応の定量的評価が可能である。しかし，その定量的評価の基礎となる科学的知見は，程度の差はあれ，不確実性を内在し，その不確実性の程度はその知見から導かれる発生確率の確実性の程度を規定すると考えなければならない。[100]

これに対して，後者（保護法益の重大性）については，リスクの構成要素とする考え方とリスク管理上の要素と位置づける考え方の二つの考え方が可

---

98) 拙稿「環境法におけるリスク配慮論序説」433頁。
99) 拙稿「環境法における国家の基本権保護と環境配慮(3)」167頁以下。
100) 環境庁大気保全局「二酸化窒素に係わる判定条件等専門委員会の検討経過と主な内容」。

能であろう。しかし，保護法益の重大性を伝統的保護法益と環境を総合した定量的評価は，現在のところ，困難である。それ故，ドイツにおける危険とリスクの区分に準じて，第2の考え方が妥当であろう。これによればリスクを損害発生の蓋然性によってとらえたうえで，リスク管理に際して保護法益の重大性を斟酌することになる。この理解に立てば，保護法益の重要性は，リスクの第1類型と第2類型，第2類型と社会的許容リスクの区分に際して評価すべき要素の一つととらえることができる。

 c 第1類型のリスクと第2類型のリスクの区分

（a） 第1類型と第2類型のリスクの区分はドイツでは実益があるが（危険とリスク），我が国においてはこの区分が明確な形では認識されていない。

第1に，ドイツ環境法の生成過程をみると，環境法生成前の段階から，行政庁は一般警察法上の違反責任（Störershaftung）を根拠とする違反責任者（行為責任者および状態責任者）に対する危険防御（Gefahrenabwehr）についての干渉権限を有していたが，この危険概念は公衆・近隣者に対する損害発生の充分な蓋然性とその緊迫性を前提とする点に限界があったため[101]，環境法は伝統的保護法益（生命・健康，財産権）のほか環境をも保護法益とすること（環境配慮），危険より損害発生の蓋然性が低いレベルでの管理を目指すこと（リスク配慮），および次世代を含めた人々の危険・リスクおよび環境リスクに配慮すること（将来配慮）によって，法領域としての独自性を確立してきた。この意味で，ドイツ環境法におけるリスク配慮は，環境法独自の拡大された権限領域としての意義がある。第2に，この点は環境法に限らないが，判例・学説によって発展・確立された基本権保護義務論によって，現在では，立法・行政上の意思決定に際して，危険防御領域における裁量権限行使はより拘束性の高い性格のものと理解されている。この二つの意味で，危険とリスクの区分はドイツ環境法上重要な意味をもち，学説には危険防御原

---

101) 危険概念については，フランク・ツィーシャン「危険概念」1頁以下，戸部『不確実性の法的制御』25頁以下，違反責任については拙著『ドイツ土壌保全法の研究』27頁以下。

則（ないし保護原則）と予防原則を区分する考え方もみられる。

　これに対して我が国では，一般警察法の考え方が希薄であったために，二つのリスクが峻別されてきたとはいえない。環境法生成過程をみても，行政庁に対する公害防止上の干渉権限の付与，拡大に焦点が当てられた反面で，損害発生の蓋然性が高い場合にも，事後配慮領域と異なり事前配慮の領域では，基本的人権保護のための立法権限行使義務あるいは行政庁に対する羈束的授権規定，裁量的権限の行使義務というような拘束性の高い性格の環境法形成には，立法上も解釈論上も重点が置かれてきたとはいえない（現に，基本的人権保護義務論についても消極説が多い）。しかし，損害発生のおそれが高い場合とそうでない場合のリスク管理には，環境法政策上本質的な差があると考えなければならない。

　損害発生防止のための管理措置は原因者の基本的人権（営業の自由，所有権保障等）に対する干渉の方法によって行われるのが通例である（尤も，環境が加害者になる場合には例外である）。それ故，リスク配慮を高度化することは，裏返せば，リスクを伴う活動に対する制限を強化することに等しいから，その干渉は比例原則（特に，過剰禁止律）に服し，その範囲で技術的可能性，経済的受容性に対する配慮が求められる。その意味でリスク管理水準決定には公共，原因者，被保護者３者間の多様な利害調整を要する。それ故，損害発生の蓋然性が高いほど，そしてその損害が重大であるほど，リスク管理上の措置は，原因者に対する拘束性および国・地方自治体に対する羈束性が高いものであることが求められ，かつ，技術的可能性，経済的受容性に対する配慮は後退し，技術水準を適用してもその損害が防止できないおそれがある場合には，その原因行為の禁止を含む厳格な措置が求められる。逆に，予防原則にしたがって蓋然性がより低度のレベルでより高い質の環境を目標とするリスク管理領域では，社会的受容リスクを超える枠内で，技術的可能性，経済的受容性に配慮し，管理水準が高いほど拘束力が緩やかな形でその維持・達成が管理される。この場合には，国・地方自治体に対する関係でも多様な利害との調整に裁量性が広く容認されるから，拘束性，羈束性を

後退させることによって，その時点の技術水準では達成が困難な，より高い水準の戦略的環境質管理目標を設定し，将来の技術革新と革新技術の導入によってその達成を追求することが可能となる。このように，リスクの第1類型と第2類型の区分を明確に認識することによって，公害法型と環境法型のリスク管理の使いわけを可能とする。

わが国の環境諸法の規定を概観しても，右二つの場合における環境管理措置に差を認めることができる。例えば，ばい煙発生施設設置者に対する改善命令等の措置命令発動基準（大気汚染防止法14条）は，第1類型のリスクの管理を目的とするに対して，「維持されることが望ましい」行政上の努力目標として性格づけられる環境基準（環境基本法16条）等は，健康保護・生活環境保全の領域ではあるが，第2類型に相当する環境管理を視野に入れ，両者間に環境管理上の法制度に差を認めることができる。概していえば，第1類型のリスクは公害法の領域で健康・生活環境上の損害の発生ないしそのおそれの防止を目的として，強度の法政策措置が準備されているのに対して，第2類型のリスクは予防原則の射程範囲に属し，損害発生の蓋然性が高い領域に限らず，社会的許容リスクの限界までリスクを小さくすること（リスク配慮）を求めるが，そのための法政策措置は必ずしも強度とはいえない。それ故，我が国でも二つのリスク区別は認識されていると考えることができるし，その実益もある。

(b) 区別の基準

ドイツ法上，危険とリスクの限界は充分な蓋然性（hinreichende Wahrscheinlichkeit）基準によって画され，充分性の基準は保護法益が重大である程，充分性を充足する蓋然性の程度は低くて足る（Je desto の公式）。

これに対して我が国の環境法では，ドイツ法上の「充分な蓋然性」の概念も定着しておらず，リスクの第1類型と第2類型を区別する一般的基準が法令上または解釈論上確立しているとはいえない。とはいえ，損害発生につき一定の蓋然性が存在する場合のリスク管理と蓋然性がより低度の場合のリスク管理を，管理措置を含めて，区別するとみることができる。即ち，前記各

権限発動基準に関する規定には規制違反を発動基準とする例（水濁法13条。このほか，判断の基準となるべき事項違反の場合もこの類型である。例えば，NOx・PM法35条3項）以外に，これと併せて一定の被害関連のリスク管理基準を定める例があり，後者の場合のリスク管理基準としては，概していえば，「被害を生ずるおそれがあるとき」（例えば，大防法14条。但し，2010年3月時点で改正が予定されている）ないし「被害を生ずると認めるとき」（例えば，水濁法14条の3）等が採用される例が多いとみてよいのではないかと考える。尤も，「被害を生ずるおそれがあるとき」は損害発生の蓋然性が高い場合が想定されており，前記第1類型のリスクの管理を射程としている。これに対して，要措置区域指定基準としての「被害が生じ，又は生ずるおそれがあるものとして政令で定める基準」（土対法6条1項2号）は，地下水経由の暴露の例でのリスク管理水準は水濁法14条の3とは異なるものであり，損害発生の蓋然性がより低度の水準でのリスク管理を射程とする。両者はともに科学的不確定性の領域ではあるが，両者を区別する蓋然性の程度は，ドイツ法上の充分な蓋然性と同じく Je desto の公式にしたがうべきものである。このように理解すれば，我が国環境法における第1類型のリスクに対する配慮はドイツ法における危険防御の考え方と本質的には異なるものではなく，ドイツ法の危険配慮が一般警察法上の違反責任に対する干渉権限に基づいて一般的に導かれるに対して，我が国では法令の規定によって初めて個別的に授権される点に差があるにとどまると考える。

d　第2類型のリスクと第3類型のリスクの区分

予防原則によればリスクは可能な限り低いレベルで管理することが求められるが，特に，先端技術の開発・利用を追求する社会構造のもとでは，それに伴うリスクは不可避だから，リスク管理水準を決定することによって，その範囲のリスクは，事前配慮の段階では，原則として社会的に許容されると考えることになる（事後配慮の領域でどのような条件のもとで救済を準備するか，あるいは受忍限度論にしたがって受忍すべきものとするかは別個の問題である）。その意味でリスクの第2類型と第3類型の境界設定は予防原則に基づ

くリスク管理権限の限界を画し，一義的には，多様な利害関係の調整を踏まえた立法裁量に属する。一方，行政機関は法律の留保の原則に服し，立法上規定されたリスク管理基準にしたがうが，リスク管理基準設定が立法によって行政に授権される場合，あるいは不確定概念（例えば，科学水準，技術水準等）によって定められるために，その具体的内容の確定が行政上の裁量に委ねられる場合もありうる。

環境立法上のリスク管理の限界，即ち，第2類型のリスク（狭義のリスク）と第3類型のリスク（社会的許容リスク）の限界については，ドイツ環境法上は比例原則説，技術的限界説，現実の認識限界説，換言すれば科学的知識経験の限界とする説，蓋然性説等の多様な見解が主張されている。しかし，技術的限界説，現実の認識限界説には問題がある。例えば，エネルギーの使用の合理化に関する法律5条2項，78条2項等にみられる技術水準規定のもとでは技術限界説は正当性を主張し得るが，立法レベルの意思決定に際しては，妥当しない。立法レベルの準則としては，理論的には比例原則によりながら，比例性の具体的な判定条件として蓋然性の程度により，この場合にも Je desto の公式にしたがうべきものと考えられ，また，このように考えれば，リスクの3類型を統一的に理解することができる（ベンゼンにかかる大気汚染環境基準設定に際して斟酌された発がんリスク水準はこれに類する）。

蓋然性説にも問題点がないわけではない。第1に，Breuerは，蓋然性説を，立法者による水準決定のクライテリアとなるべき蓋然性の具体的準則は明文上存在しないし，理論的にこれを導くこともできないと批判する。[102] その批判自体はそのとおりであるが，社会的許容性は理論的に導かれるべきものというよりは，社会的コンセンサスを背景として政策的に決定されるべきものと考えられるから，右の理由で蓋然性説を非とするには当たるまい。

より大きな問題は，損害発生の蓋然性を定量的に，あるいは定性的にすらも，認識できないリスク（所謂「未知のリスク」）を完全に排除することがで

---

102) Breuer-1, 837; ders.-4, 214.

きない点にある。リスクの未知の原因については幾つかの要素が考えられようが，環境法政策の観点からは科学的知見の欠如に起因する未知のリスク[103]，特に，先端科学，先端技術の利用に伴うそれが重要である。後日の知見の進歩によって損害発生の蓋然性が充分に大きかったというケースもしばしばあり得るから，この意味での未知のリスクを完全に予防原則の射程外とすることは妥当とはいえないが，未知のリスクを過大評価して技術革新と革新技術の利用を否定する方向も社会的コンセンサスを得ることができまい。それ故，損害発生の蓋然性を認識できる場合のリスク配慮がリスクの発生抑制ないし低減を主たる内容とするに対して，未知のリスクに対する配慮はリスクの解明，モニタリング，情報伝達等の局面に焦点が当てられなければならない。

2　リスク管理

(1)　リスク管理水準

　先進諸国の環境法は「総体としての環境に対する高い保護水準（hohen Schutzniveaus für die Umwelt insgesamt）」の保障を目標とする（例えば，EU条約174条，ドイツ連邦イミッシオン防止法5条1項）。我が国の環境法は，前記の如く，法体系全体が環境を保護法益とするわけではなく（例えば，施設起因のリスク管理に関する諸法），交互作用，移転効果を含む「総体としての

---

[103]　Reich は科学知見の欠如による未知を Unwissenheit，事象経過の不確定性による未知を Ungewißheit というが（この用語区分が一般的に認知されているとはいえない），後者について，「事故が起こる否か，いつ，どこで起こるかに関する具体的事項は，常に不確実なので，蓋然性の評価ができない」という（Reich, 82）。この区分は Reich のリスク論では事故のリスクと施設の正常操業起因リスクが区分されることに由来するのではないかと考えられるが，未知のリスクを事象経過の未知によって説明すると思われる説は Reich 以外にもみられる（Marburger-1, 39; Murswiek-1, 81; Breuer-4, 213）。確かにこの種の未知の存在は否定できないが，ある種の事故が発生した場合にどのような損害が発生するかは認識可能であるから，個人リスク（Individualrisiko）は未知であるにせよ，集団リスク（Kollektivrisiko）を基準とする蓋然性の算定は可能と考えられる。したがって，環境リスク管理上，この場合の未知を第1の未知と同列に論ずべきことにはなるまい。

環境」保護の観念も未だ希薄であるが,「高い保護水準」の理念を否定するものとはいえない。環境管理水準を「高い保護水準」とすることは,環境負荷起因リスク,環境リスクの発生抑制(Vermeidung),最小化(Minimierung)を目標とすることを意味し,そのためにリスク発生の原因行為に対する禁止,制限等の公権的管理を含む多様な政策手法を経由する。規制的手法では,例えば,大気汚染起因の生命,健康に対するリスクの管理は,一定の大気汚染物質の排出に対する制限(例えば,ばい煙発生施設における排出基準,総量規制基準遵守義務)を手段とする。それ故,保護法益に対するリスクの管理は必然的に原因者の基本的人権(営業の自由,職業の自由,所有権の自由等)に対する干渉を伴い,この意味で「干渉による保護(Schutz durch Eingriff)」[104]という国家,被保護市民,被干渉市民間の三角関係的性格,[105]換言すれば,基本的人権保護と基本的人権干渉が交錯する関係を内在する[106](図II-1参照。但し,被保護基本権の保護が第三者の基本権に対する干渉を伴わない形で実施される場合も考えられる。環境法の領域では自然による基本権ないし保護法益の侵襲はこの例である)[107]。尤も,環境権につき消極的な立場に立てば,環境リスクについては基本的人権侵害を伴わないが,保護法益(環境)保護と原因者の基本的人権に対する干渉との交錯関係を生じる点に差はない。それ故,抽象的には「高い保護水準」とされるリスク管理水準の具体的決定は予防原則にしたがうが,その決定に際してはこのような多様な利害の交錯関係の調整を要する。環境保護の経済との調和(制定当時の公害対策基本法)あるいは持続的発展(環境保護,経済的発展,社会的公正の調和)等の考え方はこのような多様な利害の交錯の調整関係を意味する。リスク管理水準を高度化するほど,技術的可能性のほかに経済的受容性との調和が求められる。環境

---

104) Wahl/Masing, 553 ff.; Hermes/Walther, 2339; Unruh, 80 ff.
105) Erichsen, 85; Jarass-1, 381.
106) Lorenz, 34; Wahl/Masing, 553 ff.; Hermes/Walther, 2339; Brüning, 958; Jarass-4, 33 f.
107) Krings-2, 367.

一　環境法におけるリスク管理　*43*

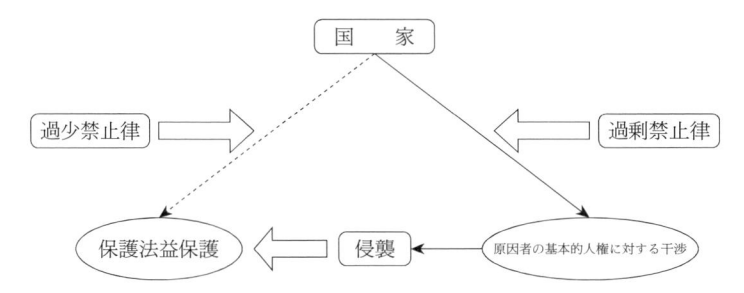

図Ⅱ-2-1　環境法におけるリスク管理モデル

[国　家]
過少禁止律　→　　　　　←　過剰禁止律
保護法益保護　←　侵襲　←　原因者の基本的人権に対する干渉

法の領域では，より高度の水準の環境質の維持・達成を目標として，将来の技術革新と確信技術の利用を先取りするリスク管理が指向されている一方で，欧州の環境保全戦略には域内ないし国家経済の国際競争力強化を目的の一つと標榜する例が少なくない。例えば，REACH 規則による EU の化学物質管理戦略，あるいは同規則制定過程におけるドイツ政府・化学工業会の共同歩調もこの１例であるし[108]，ドイツの環境法典化事業もドイツ経済の競争力強化[109]と技術革新の推進を目的の一つとする[110]。高い水準の戦略・政策目標に向けた技術の開発・導入が同時に国際競争力強化機能を持つことは理想であるが，リスク管理目標と管理手続に関する環境法・政策の世界的規模での一律化を目指す方向は，この二つの要請を両立させる筋道のひとつであろう[111]。

(2)　リスクの調査・評価・管理

環境負荷起因の健康リスクの管理を例にとると，リスク管理（Risk Management）は，リスク調査（Risk Research），リスク評価（Risk Assess-

---

108) Gemeinsame Position der Bundesregierung, des Verbandes der Chemischen Industrie e.V.（VCI）und der Industriegewerkschaft Bergbau, Chemie, Energie（IGBCE））（12.03.2002）.
109) Kloepfer-12, 154 に総括された Strauch, G. のコメント。
110) BMU-6, 7.
111) 既に，物質の分類・表示・梱包，自動車排ガス規制等の分野で国連等を中心とする試みが進行しつつある。

ment）によって得られた科学知見を基礎とする政策評価に基づく暴露（環境負荷）レベルの管理によって行う。

即ち，環境暴露量（Dose）X_1 によって健康に対する反応（Responce）Y_1 が発生するリスクが Z_1 となる関係にある場合に（X_1, Y_1, Z_1），リスク（Risk）を環境法政策目標として予定する一定の水準（α）を超えないようにするために求められる暴露量によって管理する。リスク調査は（X_1, Y_1, Z_1）間の定量的関係を調査すること，リスク評価はリスク調査結果を自然科学の知見と経験によって総合的に評価することを意味し，ともに自然科学の領域に属する。この場合に暴露量（X_1）とリスクは定量的に調査，評価されなければならないが，反応量については必ずしも定量的評価が可能でなく，このために，例えば表Ⅱ-1のような評価が行われることが多い。[112]

a NO_2 にかかる環境基準（現行）

この環境基準値は反応（Y）が健康からの偏りが発生するおそれがない汚染濃度に関する科学的知見（判定条件（Criteria））を基礎として，これに政策的評価を加えることによって定められた。この場合には，リスク管理水準を健康からの偏りが発生するおそれがない汚染濃度を基準としたのは政策的評価に基づくもので，このリスク管理水準に相当する環境濃度管理水準（X_1）を暴露量・反応間（X, Y）の定量的関係（量・反応関係）に基づく政策的評価によって導いたことになる。

b ベンゼンにかかる環境基準

この環境基準値は，反応レベルを発がん性とし，暴露量とリスクの定量的関係（X, Z関係）に関する科学的知見を基礎として，管理リスクレベルを

---

112) 中央公害対策審議会「二酸化窒素の人の健康影響に係る判定条件等について（答申）」（昭53.3.22）は，健康レベルにつき以下の区分を示す。(1)健康（①現在の医学・生物学的方法では全く影響が観察されない段階，②医学・生物学的な影響は観察されるが可逆的であって，生体の恒常的な範囲内にある段階），(2)病気の前駆症状（③観察された影響の可逆性が明らかでないか，生体の恒常性の保持の破綻，疾病への発展について明らかでない段階，④観察された影響が疾病との関連で解釈される段階），(3)病気（⑤疾病と診断される段階，⑥死）

一定のレベル（α）として，これに相当する環境濃度基準（X_1）に関する科学的知見を基礎として定められた。リスク管理について，反応レベルを発がんとすること，リスク水準をαとすることは政策的評価の領域である。

[表Ⅱ-1] WHOの健康影響レベル

第1レベル：その値またはそれ以下の値ならば，現在の知見では直接または間接の影響（反射または適応あるいは防御反応の変化を含める）が観測されなかった濃度と暴露時間

第2レベル：その値またはそれ以下の値ならば，感覚器の刺激，植物への害作用，視程減少または環境に対する他の害作用が起こりやすい濃度と暴露時間

第3レベル：その値またはそれ以下の値ならば，重要な生理的機能の障害あるいは慢性疾病または生命の短縮をもたらす変化が起こりやすい濃度と暴露時間

第4レベル：その値またはそれ以下の値ならば，人口の中の感受性の強い集団では，急性触感あるいは死亡が起こりやすい濃度と暴露時間

[図Ⅱ-1] 暴露量（X），反応（Y），リスク（Z）の関係（概念図）

（3）課　題

a　リスク調査とリスク評価に内在する不確定性

リスク調査に関する科学的知見とリスク評価の結果としての科学的知見は，調査の前提条件または質（例えば，確定診断を基礎とする臨床疫学知見と確定診断を経ない有訴率調査知見，断面調査知見と縦走調査知見，標本数の多い調査知見と少数標本調査知見，交絡因子を標準化した疫学知見とそうでない知見等では，その調査結果から導かれた発生確率の科学的確実性の評価には差があると考えなければならない）あるいは統計解析の質，評価限界方等に起因する科学的不確定性を内在せざるを得ない。例えば，現行二酸化窒素にかかる環

境基準設定に際しては，判定条件を導くためのリスク評価段階で科学的方法論にしたがったデータ・スクリーニングを欠いたことに起因する不確定性が議論された。[113]

このような科学的知見の不確定性は訴訟の場で争点とされることも多く，環境法領域でも例外ではない。[114]裁判上証拠として顕出されたリスク調査，リスク評価関連の科学的知見は裁判上の信頼性の評価によってスクリーニングされるが，裁判上信頼性を肯定された科学的知見も，科学的にみれば，程度の差はあれ，不確定性を内在している（国道43号事件に関する1審判決[115]は証拠として顕出された科学的知見の信頼性は否定しないが，これによって沿道大気汚染と同事件原告の健康損害との間の因果関係を評価するには足りないとした例である）。それ故，環境保全上の政策決定にせよ，法的因果関係の判断にせよ，不確定要素を付随する科学的データを基礎とせざるを得ない場合が多い点に制約がある。

それ故，環境法領域における国・地方自治体の意思決定は，それがリスク調査とリスク評価に関する科学的知見を基礎とする限り，その科学的知見に内在する科学的不確定性に対する政策評価を必要とする。疑わしきは罰せずとする理念が支配する刑事訴訟の領域での裁判所の意思決定に際しては，損害の公平な分担を理念とする損害賠償訴訟の領域での裁判所の意思決定の場合と比較すると科学的不確定性がより低い水準，換言すれば，蓋然性がより高い水準が求められる。環境保全上の事前配慮領域でも，第1類型のリスク領域（ドイツ法でいう危険領域）と第2類型のリスク領域（同じく狭義のリスク領域）では国・地方自治体の意思決定に際して求められる蓋然性の程度に差がある。

---

113) 環境庁大気保全局「二酸化窒素に係わる判定条件等専門委員会の検討経過と主な内容」参照。
114) 大阪地判昭和59・2・28（判タ522号221頁），千葉地判昭和63・11・17（判タ689号221頁，判時臨時増刊平成元・8・5号161頁），大阪地判平成3・3・29（判タ761号64頁，判時1383号22頁）。
115) 神戸地裁昭和61・7・17（判タ6191号139頁，判時1203号1頁）。

一例として二酸化窒素の健康影響に関する科学的知見に対する政策評価の例をみると，二酸化窒素に係る環境基準値改定（1978年）に際しては，動物暴露実験，志願者暴露実験，疫学研究等の成果をもとに短期暴露・長期暴露に関する指針値が提案され，基礎とされた資料，特に疫学研究資料は，疾病罹患との間の因果関係を評価するうえでは不確定要素が大きかったが，公害対策基本法上の環境基準の法的性格に照らして，健康影響を疾病レベルより前の段階でとらえ，健康から偏りを生じた程度の影響にも配慮する趣旨から，指針値どおり環境基準値が決定された。[116] これに対して，公害健康被害に関する行政上の救済制度改定に関する検討に際しては，基礎とされた科学的知見は環境基準値改定の基礎とされた科学的知見と大差ないものであったが，中公審専門委員会は，二酸化窒素を中心とする当時の大気汚染の程度が成人のせき・たん有症率とぜん息様症状・現在および児童のぜん息様症状・現在に及ぼす関係について検討し，当時の大気汚染が総体として慢性閉塞性肺疾患の自然史に何らかの影響を及ぼしている可能性は否定できないが，慢性閉塞性肺疾患について大気汚染による影響と考えるような状況にはないと結論した。この自然科学の側の評価を法的に評価し，「慢性閉塞性肺疾患の自然史」，「何らかの影響」，「及ぼしている可能性」という科学的評価は，行政上の救済制度を維持する根拠としては薄弱とする政策評価が導かれ，二酸化窒素に係る大気汚染を根拠とする行政上の救済制度の導入が消極に判断された。実質的にほぼ同じ科学的知見を基礎としながら，環境基準にあっては人の健康を保護する上で維持されることが望ましいレベルとして，健康からの偏りを指標として健康影響を安全サイドに評価したのに対して，行政上の補償制度の検討に際しては，疾病レベルの健康影響を個別的因果関係を問わず画一的，定型的に推定する程度の蓋然性が認められるかが判断対象であり，評価基準の違いが評価の結論を分けた例である。

---

116)　大気保全局「二酸化窒素に係る判定条件等専門委員会の検討の経過と主な議論の内容」。

b　環境リスク（環境財に対するリスク）の不確定性

「環境」,「環境財」はともに環境法における不確定概念の一つであることに伴う環境リスク概念の不確定性のほかに，環境の評価基準，環境総体としての（統合的）リスク評価基準，環境損害の評価基準自体が大きな不確定性を内蔵する。このために，前記環境負荷起因の健康リスクにおける反応（Y）の定量的評価が困難である。即ち，管理基準水準を決定するうえで，環境に含まれる多様な価値を，どのような指標と基準によって，可能な限り，客観的かつ定量的に総合評価するかの方法論は未だ開発されていない。現実には無傷の環境などあり得ないし，環境法も無傷の環境を保障するわけでも，自然の事象経過にしたがったあるがままの環境の保護を目標とするわけでもない。環境は社会あるいは市民にとって唯一，かつ，絶対の価値ではなく，その価値評価は環境中心的ではなく，人間中心的（Anthropozentrik）である（ドイツ環境法学説上も，環境保護国家目標規定に関する基本法規定（20条a）が人間中心性を内在するとする解釈が支配的である）[118]。現実にも，野生動物による人的・物的損害の事例（ドイツ連邦私法裁判所で争われた前記バイエルン蛙事件はこの典型例である）のように市民の権利ないし利益が環境価値と抵触関係に立つ場合，あるいは野生動物による自然環境に対する損害（例えば，外来生物種と固有の生態系の破壊）の事例のように複数の環境価値の比較を要する場合，さらには前記第2類型の環境損害の事例のように環境価値に対する市民間の価値評価が異なる場合には，環境管理基準の決定に際して社会の多様な権利関係，価値評価との総合的な調整を不可欠とするという意味で人間中心的価値評価に成らざるをえないが，持続的発展概念を構成する3本柱（環境保護・経済的発展・社会的公正）の調整基準について論じられるように，この3本柱間の総合調整についても客観的基準は存在していない。

117）Hager, 169.
118）Weber, 83; Kloepfer-6, 16（1995）ほか。これに対して，Bosselmannは，環境配慮の観点から基本法解釈論として非人間中心性の拡大を検討する（Bosselmann, 80 ff.）。

二　リスク管理の方法論

　環境基本法は「総合的かつ計画的」な環境保全施策を規定するが（1条），先進諸国の環境法の動向をみると，リスク管理の統合化と早期化によってリスクの発生抑制と最小化を目指す傾向が顕著である。

1　統合的リスク管理（integrierte Risikenkontrol）[119]

(1)　統合的リスク管理の考え方

　環境法領域における1980年代以降の大きな潮流の一つとして，ヒトおよび環境全体に対する影響の配慮と[120]，その具体的形式としての環境媒体と部門を超える統合的環境管理の重要性が認識されている[121]。統合的リスク管理方式は，環境法政策の観点からも費用対効果の観点からも，個別管理の組み合わせ方式より優れる。環境法が管理対象とするリスクは健康（等）リスクと環境リスクの全体であり，環境リスクは総体としての環境財に対するリスクである。このような総体としてのリスクの管理を目的とする統合的環境管理（Integrated Pollution Control）の考え方は，EUでは既に統合的環境管理指令，統合的製品政策等の制度によって現実化している。現在は挫折しているが，2009年ドイツ環境法典草案も計画・事業・施設起因リスクの統合的管理に向けた先進的モデルを提示した。

(2)　経　緯[122]

　1970年Nixon教書は，環境汚染を低減するため，多層的システムに代え

---

119)　山田「統合的環境規制の進展」73頁，川合「ドイツ環境法における『統合的環境保護』論の展開」1065頁，柳『環境法政策』227頁以下，拙稿「統合的環境管理論」。
120)　Vandrey, 15 ff.
121)　Bothe/Gündling, 96 f.; Rengeling-3, 324; ders.-4, 3 ff.
122)　Davies, 51 ff.; Zöttl-1, 159; ders.-2, 32 ff.; Haigh, 57 ff.; Röckinghausen, 16 ff. u. 49 ff.; Kracht/Wasielewski, 1070; Schreiber, 41 ff.; Dhondt.

て一つの集合的システムを考えるべきこと，および環境上の作用連鎖のすべてを追求し，ヒトと環境に対する危険全体を決定し，環境汚染の様々な交互作用を審査すべきことを示し，しばしば統合的環境管理の考え方の端緒とされるが，この段階では環境保護管轄組織の統合（1970年環境保護庁（EPA）設置）にとどまり，実体法上の統合的環境立法には到らなかった。[123]

1972年世界環境宣言[124]では，資源管理の合理化と環境改善を目的として「統合的・調整的アプローチ」が採択されたが（第13原則），「発展が人々の利益のために環境を保護，改善する必要性と調和するように」とするのみで，統合的アプローチの具体的内容は示されていない。

統合的環境管理のコンセプトを立法レベルで具体化したのはイギリスが最初といわれる[125]。ここでも当初は環境保護管轄官庁の統合が指向され，環境汚染に関する王立委員会の1976年報告書[126]が媒体を超える問題を例示し，汚染防止のための媒体を超える監視官庁を提案し，1987年に統一的監視官庁（HMIP），1988年に National River Authority（NRA）を設置し，HMIPに，認可付与に際してNRAとの協議義務を課した。さらに，1990年環境保護法[127]で大規模施設につき統合的汚染管理の考え方を立法化し，1995年環境法[128]によって，HMIP，NRA，廃棄物管轄の地方官庁を一体化して環境庁・スコットランド環境庁が設置された。これらの一連の法制度改革によって，一方で，認可決定に関して組織上の統合（one stop shop）を制度化し，他方で，実体法上環境媒体全体に配慮して汚染を最小化するためにBATNEEC

---

123) Haigh, 58.
124) UNEP, Declaration of the United Nations Conference on the Human Environment (1972).
125) Slater, 1;Burnett-Hall, 401 ff.; Mast, 69; Jankowski, 113 ff.; Haigh, 60; Zöttl-2, 101; Macrory, 53; Winter, G., 10 ff.
126) Royal Commission on Environmental Pollution, Fifth Report-Air Pollution Control: An Integrated Approach (1976).
127) 明治大学環境法研究会訳「イギリス環境保護法」⑴季刊環境研究92号159頁，⑵同93号137頁，⑶同94号116頁，⑷同95号146頁。
128) Burnett-Hall, 401; Masing, 552; Rengeling-4, 20.

（Best Available Techniques Not Entailing Excessive Costs）の適用義務が課された（BPEO: Best practical environmental option）。

環境汚染の統合的発生抑制と低減を目的とする1991年OECD勧告[129]は，人為的活動と物質の環境全体に対する影響と物質のライフサイクル全体に配慮して統合的環境管理のコンセプトを立法化すべきことを内容とする。統合的環境管理は環境全体に対する損害発生のリスクの発生抑制または最小化を目的とするものと位置づけられ，具体的には，物質，製品のライフサイクル全体に対する配慮，物質および人為的活動の全環境媒体に対する影響の予測，廃棄物の量および有害性の最小化，環境上の問題の予測，比較検討手段（例えば，リスク評価）の活用を内容とする。ここでもリスクの媒体間移動に対する配慮が組み込まれているが[130]，ライフサイクル統合の形で物質・製品起因リスクの管理を包含する点に新規性がある。

EUでは，「部門別環境保護から横断的環境保護へ」という構造変革[131]の過程で，製造レベル（produktionsintegrierter Umweltschutz）と製品レベル（produktintegrierter Umweltschutz）の二領域で具体化された。前者は施設の許認可段階で，End-of-pipe技術に代えて有害物質を可能な限り発生抑制する統合的製造工程・技術の促進・導入を目指し[132]，環境影響評価指令（UVP; 85/337/EWG），統合的環境管理指令（IVU; 96/61/EG），戦略アセス

---

129) OECD, Recommendation of the Council on Integrated Pollution Prevention and Control (1991-C(90)164/Final); OECD, Integrated Pollution Prevention and Control (Environment Monograph No. 37 (1991)); Haigh, 59; Kracht/Wasielewski, 1070; Schreiber, 49 ff.
130) Sellner-1, 82.
131) Calliessは，当時のEU環境法の構造変革の要素を，①規制的秩序法から目標起因の最適化へ，②排出限界値から質目標・環境計画へ，③危険の発生抑制から包括的予防へ（例えば，REACH），④部門別環境保護から横断的環境保護へ，⑤実体的環境保護から手続的環境保護へ（例えば，IVU，オーフス条約），⑥国家責任から市民の共同責任へ（例えば，環境監査）と整理し，EU環境法の3本柱として，統合的環境保護，手続を通じた環境保護，結果・質を起点とした環境保護を挙げる（Calliess-5, 609）。
132) Coenen/Klein-Vielhauer, 34; Martini-1, 7; ders.-2, 43.

指令（SUP; 2001/42/EG）等によって具体化された。施設起因リスク管理を対象とする統合的環境管理指令はイギリス1990年環境保護法に起源をもち、[133] BPEOの考え方に由来する[134]（BATNEECに代えて最善技術（BAT: Best Available Techniques）の概念を用いるが、技術的可能性のほか経済的受容性に対する配慮を含む点では、BATNEEC、さらにはドイツの技術水準（Stand der Technik）と本質的な差はないと考えられる）。これに対して、後者は、その後統合的製品政策に展開され、エコビランツ全体を改善する製品に向けた措置を目標とする。エコラベル制度は一例で、購買者の製品選択に影響を与え、環境適合型製品の開発を誘導する。[135]

(3) ドイツ統合的事業認可モデル（環境法典草案）

a　ドイツ化学物質法（1980年）が物質関連リスク領域で媒体を超える環境管理の考え方を採用して以来、[136] 統合的環境管理は持続的発展を実現するための環境法の三つの重点戦略（統合的環境戦略、間接的環境戦略、国際的環境戦略）の一つに位置づけられ、[137] 環境法の環境適合型発展と統一化によって環境保護の内部的・外部的統合を目指す方向が確認された。手続法・実体法上の概念を可能な限り相互調整し、集中させることによって、許認可手続の数を減少させ、要許認可事業の環境全体に対する影響を踏まえて、統合的で媒体を超える許認可条件と許認可手続と、部門特性に適合した媒体ごとの許認可条件と許認可手続との統合を目指す考え方であり、この戦略構想は、[138] 環境法典編纂の過程で起草された三つの草案（所謂委員会草案（UGB-KomE））、環境省作業グループ草案（UGB-RefE-1998）および同2009年草案（UGB-RefE-2009）[139] で提案された統合的事業認可制度は、計画・事業・施設起因リ

---

133) Zöttl-1, 159.
134) Kloepfer/Durner, 1088 ff.; Schäfer, E., 19; Römer, 60; Schink-1, 7; Calliess-8, 347.
135) Martini-1, 13; ders.-2, 43.
136) Franzius-2, 115; Kloepfer/Franzius, 183.
137) Storm-2, 7; ders.-4, 160.
138) UBA (Hrsg.)-1, 28.

スクの統合的管理について先端的モデルを提示する。

b UGB-RefE-2009における統合的事業認可モデル

(a) 概　要

　UGB-RefE-2009は施設起因リスクの部門・環境媒体を超える統合的リスク管理の強化を目指して統合的事業認可の制度化を予定した（第1編第2章49条以下）。この制度は基本的には現行連邦イミッシオン防止法をモデルとし，事業者の基本的義務（53条）と密接に結びつけられ，基本的義務の履行が認可付与の条件となる（55条1項）。基本的義務はヒトおよび環境総体について高い保護水準を保障するために，危険防御とともに，「有害な環境変更ならびにその他の危険，重大な不利益および重大な負荷を，特に，技術水準の相当する措置によって，予防すること」に対する配慮等を含み（53条1項），環境を「動物，植物，生物多様性，土壌，水域，大気，気候および景観ならびに文化財その他の財（環境財）」（4条1号），環境変更を「水域変更，ヒトまたは環境に影響を与える大気変更および土壌変更ならびに騒音，振動，光，熱，放射線およびヒトまたは環境に対するこれらに類する影響」と定義し（同2号），環境影響の定義に「環境財間の交互作用を含むヒトと環境間の交互作用に対する影響」を含めた（同9号）。これらの規定によって，技術水準の適用によって交互作用を含む影響を抑制，最小化し，環境全体について高い保護水準を保障する部門・環境媒体を超える統合的環境管理の考え方が明確に示されている。

　統合的事業認可は事業認可と計画認可の形式で行われ（51条），他官庁の参加を制度化し（92条），かつ，事業それ自体または認可に重要な環境に対する影響をもたらすおそれがある関連事業に他官庁の許可を要する場合には，その範囲において，手続上の統合を制度化し，許可手続と決定・付帯決定をこれら他官庁と完全に共同して行なわなければならない（93条1項）。

139）　三つの草案があるが，04.12.2008草案による。
140）　Kloepfer-13, 230; Franzius-2, 116.

54 第2章 環境管理

　さらに，統合的事業認可手続は公衆参加のもとで行なうこととし（52条，94条以下），かつ，環境影響評価実施義務事業については環境影響評価が統合的事業認可手続と一体化され，その不可分の一部と位置づけることによって（81条1項），実体法と手続法の統合を目指す。集積的事業（事業が当該事業者または他の事業者の同種事業と密接な関係のもとで実施されるもの）も，一定の条件のもとで環境影響評価義務がある（85条1項）。要認可事業は，施設の設置・操業と水利用，要計画認可事業は，廃棄物最終処分場，パイプライン施設，人工の貯水場，水域改築，堤防・土手構築で，要認可施設約60,000，そのうち統合的事業認可対象約12,900と試算された[141]。このほか，狭義の施設以外に，一定の水利用と，水域改築，堤防・土手構築等を含む（49条1号）。一方，環境影響が大きくないと考えられる事業については簡易手続により，公衆参加を要しない（52条，118条以下）。

　(b) 考　　察

　このモデルは，以下の点で統合的環境管理コンセプトの先端事例と評価でき，我が国の環境法にとっても示唆に富む。

　第1は，計画・事業関連の形式的統合と実体的統合の統合を図ることである[142]。即ち，実体法上，事業者の基本的義務として環境全体に対する環境配慮義務を課し，手続法上，複数の手続について共同決定方式を採用し，かつ，環境影響評価を事業許認可手続に一体化させる。これによって，実体法で規定される環境全体に対する環境配慮義務の遵守を認可手続段階における審査に結びつけ，かつ，一体的に決定することができる。但し，このモデルの実効性は，実体法上は統合的事業認可対象計画・事業の範囲，手続法上は統合対象手続の範囲（特に，環境法関連以外の手続），戦略アセス対象計画の範囲等に左右される。

　第2に，リスク管理対象を施設から事業，計画に拡大することは，我が国

---

141)　BDI, Folgenabschätzung (07.10.2008), 2 f.
142)　Sangenstedt, 505; Sellner-2, 49.

の施設起因リスク管理と比較すると，①環境媒体別，環境負荷物質・行為別管理方式を工場単位の管理に統合することができること，②対象を事業に広げることによって，施設に当たらない行為起因リスク（例えば，遺伝子操作生物の開放型利用，森林変更，non-point source 起因リスク等）の統合的管理を可能とすること，③統合的事業認可の対象を計画に広げ，かつ，戦略アセスと結びつけることによってよい早い段階でのリスク管理を可能とすることの三つの点で意義がある。

　第 3 に，統合的事業認可に市民参加を保障する点も重要であろう。現行法では行政手続法上一定の制約のもとで市民参加が可能ではあるが，このモデルはより一般的に市民参加を認める。特に，参加の制度的保障と不参加の場合における後日の法的救済の制限を結びつける場合には（例えば，連邦自然保護法61条 2 項 3 号），早期参加による早期紛争解決機能を持つことができる。

　第 4 に，UGB-KomE で提案されたオープン条項（84条 3 項。統合的環境配慮の利益が環境媒体別排出限界値不遵守の不利益を明らかにかつ著しく上回る場合に，申請ベースで，限界値規制の適用除外を認める。UGB-RefE-2009には規定がない）は，予防原則の領域における事業者の自己責任ベースの環境管理の質の向上を図るうえで考慮に値する。オープン条項に対しては，実体上の基準の確保と全参加者の法的安定性，平等性，手続経済等の理由から官庁の裁量は可能な限り小さくすべきこと，行政，申請者双方にとって法適用に際しての透明性と明確性が望ましいこと，この種の定量的評価がどこまで可能か科学的に明らかでないこと，実際問題としては下位法令で定める基準の緩和につながること等を理由とする消極説[143]と，規制を弾力性と効率的な配慮措置に置き換える可能性を与えること，プラスの効果とマイナス効果をバランスさせるパルプ弁機能を持つ高度の手法で，予防領域の限界値が異常に硬直的な場合に，弾力性を提供すること等を理由とする積極説がみられるが[144]，リスク配慮領域（予防原則領域）での環境配慮の質を高めるうえで，媒体を超

---

143)　Hansmann-1, 7; Wasielewski-1, 213; Luh, 19 f.
144)　UGB-KomE, 631; Schmidt-Preuß, 865; Calliess-8, 348.

える管理と媒体別管理の弾力的，かつ，効率的な調整手法として評価に値する。[145] 即ち，各媒体関連の規制の不遵守が環境を含む保護法益に重大な影響を与える蓋然性が充分低い領域に限り，かつ，競争中立性が保たれる範囲では，[146] 環境全体に対するリスクを媒体別管理の場合よりも大きく低減することを目指す選択肢を否定すべき必然性は認め難い。

(4) 統合的環境管理の内容

a 学説

Volkmannは，統合的環境管理は媒体統合，部門統合，手続統合，[147] コンセプト統合[148]（環境水準全体の改善を目的とする様々な機関が適用する戦略・構想を統合ないし相互に関連付ける），主体統合[149]（環境保護に国家その他の行動主体が全体として寄与しなければならない），テーマ統合（他の政策領域における環境保護）等々の多様性をもち，「全体としての環境の保護は緊密で関連をもった環境法を求める」と位置づけ，様々なパラダイム，パラメーター，構造，行動主体を強く関連させることによって，全体としての環境の保護を図る概念とした。[150] 即ち，Volkmannによれば環境法上の統合原則あるいは統合的アプローチの最重要の視点は不分割の全体としての環境の保護にある。伝統的規制方式が，環境媒体別の部門法によって，そしてしばしば，異なる目標で各媒体を保護するに対して，統合原則は一体的，全体的に保護し，交互作用を考慮する点で対比される。様々なパラダイム，パラメーター，構造，行動主体を関連させることによって，全体としての環境の保護を図る概念である。

---

145) UGB-KomE, 632; Sendler-5, 40; Rengeling-2, 328.
146) Schmidt-Preuß, 865.
147) Koch, 45.
148) Bohne, 125.
149) Hill, 983; Pitchas, 189.
150) Volkmann, 365 f. 手続統合につき Koch, 45, コンセプト統合につき Bohne, 125, 主体統合につき Hill, 983; Pitchas, 189.

Martini は，EU 環境法における統合的理念は製品レベル，製造レベルの二段階をもつとし，製造統合上の環境保護を評価する三つの重点として，手続法上の統合，（行政）組織統合，実体的統合を挙げ，環境監査規則を，自主的，かつ，国家監視のもとでの自己管理によって，企業の自己責任のもとでの環境全体の可能な限りの保護を目指す制度と位置づける[151]。Schreiber は，OECD における議論の過程として，視点，審査枠組みあるいは抽象的水準の高さによる狭義，広義の 2 区分を示し[152]，狭義には産業施設認可条件設定による媒体を超えるイミッシオンの防止，特に，単一の手続と単一の決定（one-stop-shop）をいい，広義には環境全体に対する危険の発生抑制ないし最小化で，すべての環境媒体，すべての生物，文化的・美学的財に対する物質，活動の影響を斟酌することであり，ここでの統合的糸口は「ゆりかごから墓場まで」を基本原則とするという。Zöttl も狭義，広義を区別し，広義のそれを，有害物質のライフサイクル全体への配慮から，再生可能エネルギー源の投入を超えて，すべての政策分野の媒体を超える環境適合性審査に及び，手法論では計画，監査，環境会計から経済的手法に及ぶもので，このコンセプトを極限化すると，産業社会全体の環境適合型現代化に到るとする[153]。Schröder は，外部統合と内部統合を区別したうえで，後者を，例えば，施設設置者の義務による実体的統合，製造技術基準において，物質投入量，エネルギー消費量その他の環境関連のすべての要素に配慮する製品・工程関連統合，事業に必要な複数の許認可手続と管轄官庁の調整としての形式的ないし手続法上の統合，媒体別・部門別の立法を統合する立法統合を区別する[154]。

　環境全体に対する影響の統合，工程統合，手続統合に類型化する考え方も少なくない[155]。Buchholz[156] によれば，環境全体に対する影響の考察は，媒体を

---

151)　Martini-1, 45; ders.-2, 44.
152)　Schreiber, 49ff.
153)　Zöttl-2, 91.
154)　Schröder-3, 29 ff.
155)　Koch/Jankowski, 62.
156)　Buchholz, 68 ff.

超える環境保護と有害物質を超える配慮，可能ならば，資源配慮を含み，前者は，①保護法益関連の統合，即ち，別の媒体における影響の連鎖全体をとらえ，環境をシステムとして全体的に評価すること，②発生源関連の統合，即ち，製品，施設，企業起因の環境負荷全体に配慮すること，および③両者の統合を内容とする。また，後者は，①有害物質を超える環境保護，特に，複合影響に対する配慮，②侵害をもたらすおそれのある行動に対する統合的配慮（包括的統合）を含む。このような包括的統合は政策的行動目標としては有益だが，現実には容易ではなく，法的概念としては限界がある。工程統合（ないし製造統合）は，生産技術に環境保護技術を統合し，技術的発生源の場合には工程統合にも配慮することを意味し，具体的には，投入物質または製造工程を変更することによって排出を防止し（第1段階），発生抑制できない廃棄物または排出をリサイクルし（第2段階），残存物をエネルギー生成に利用し（第3段階），排出前に清浄化設備を使用すること（第4段階）をいう（環境適合型製品の製造も広義の製造統合的環境保護に当たるが，製造統合的環境保護と製品統合的環境保護は区別される）。[157] 統合的環境技術の導入によって環境質に対する高い水準の保護を確保する方法について，Kreikebaumは，環境適合型現代化戦略として非再生可能原材料使用の低減，原材料中の有害物質の低減が不可欠であるとし，①end of pipe 技術から環境媒体全体への負荷を低減させる工程技術に変革し，負荷の量と危険性を低減すること，②統合的技術（即ち，生産工程と結びつく技術）によって，end of pipe 技術よりも再生可能資源を利用すること，③統合的工程技術の導入によって，end of pipe 技術を導入しないことによる環境負荷増加を防ぐことを挙げる。[158] これに対して，手続統合は，行政管轄統合と，単一種類の負荷に対する並行手続（計画，認可，監視手続）の単一手続への統合を意味する。

　Di Fabio はこれらの学説を整理し，①媒体を超える統合，②製造統合，[159]

---

157) Holzbauer/Kolb/Roßwag (Hrsg.), 138.
158) Kreikebaum, 12.
159) Breuer-6, 462; Steinberg-1, 211.

③プロセス最適化[160]，④全体性，⑤バランスのとれた環境保護（例えば，特に，製品についてのエコビランツ[161]），⑥環境法の実体的，形式的，立法上の統合等[162]に類型化する[163]。

b 考　察

統合的環境管理概念は多様で，EU 指令あるいはドイツ環境法典草案が規定する制度はその一部にとどまるが[164]，概ね，以下の如く整理できよう。

(a) 外部的統合（Externe Integration）

統合的環境管理は外部的統合（政策間統合）と内部的統合に区分される[165]。

外部的統合は環境保護が環境保護以外の国家戦略・政策においても配慮されるべきことを意味し，政策部門を超える政策間統合機能をもち[166]，環境保護関連の国家戦略・政策において国際競争力の強化等々の他の政策分野（例えば，経済発展，社会的公平関連分野等）における我が国の国家政策目標に配慮すべきことと表裏の関係にある。環境保護が他の国家戦略・政策目標に対して優位性をもつわけでは無論なく，持続的発展の概念において自然資源の持続的利用に関して配慮を求められる環境保護，経済的発展，社会的公正の 3 本柱のいずれの柱も他に対して優位性をもたないことと質的に差がない。環境関連リスク管理は環境法領域に限定されるわけではなく，国土計画，経済，農林水産等々のあらゆる政策部門で統合的に配慮されなければならないことは，環境法政策においても国際競争力の強化等々の我が国の国家政策目標に配慮しなければならないことと等しい。

---

160)　Koch, 45.
161)　Corino, 8 u. 33.
162)　Breuer-4, 8 ff.
163)　Di Fabio-2, 54 ff.
164)　Wahl-2, 503.
165)　Irwin, 10; Storm-2, 18; ders.-4, 168; Di Fabio-2, 54 ff.; Röckinghausen, 39; Rengeling-2, 324; ders.-4, 19; Schröder-3, 29; Buchholz, 67; Calliess-7, 151; ders.-8, 344; Kloepfer-13, 76 f.; Luh, 4; Scheidler-2, 8.
166)　Calliess-8, 344.

(b) 内部的統合 (Interne Integration)

内部的統合は外部的統合の前提となる概念で，環境媒体（大気・水質・土壌），部門，時間，対象を超える，環境全体に対する配慮を内容とする[167]。形式的統合と実体的統合がともに重要であるが[168]，加之，媒体と部門を超える健康・環境全体に対する実体法上のリスク管理基準適合性が，統合的手続上の審査によって確保されなければならない。その意味で，手続・組織法上の統合と実体法上の統合の統合がさらに重要である。

i 形式的統合 (formelle Integration)

手続・組織法上の統合を意味し，手続法上の統合は施設起因リスク，物質・製品関連あるいは廃棄物関連のリスク管理に関する行政上の決定を一本化すること，組織法上の統合はこの決定機関を一本化することをいう。手続・組織法上の統合の理想型は，事業・計画について，単一管轄官庁が，単一の手続で，単一の決定を行う方式で[169]，REACH規則における物質関連リスク管理の管轄一本化，一物質一登録制度はこの方向を目指す。これによって事業実施に必要な法的に独立した複数の手続が単一の手続に包括される[170]。一つの事業について複数の承認手続が併存するシステムは事業投資に重大なリスクをもたらすし[171]，第三者にとってどの認可が優位かにつき不明確な状態を生じ，国民経済上も不効率だが，形式的統合によってこの種の不都合を回避でき，第三者保護と投資確保・法的保護促進機能を期待できる。

しかし，現実には困難を伴うことも疑問の余地がない。第1に，環境の機能の多様性と環境媒体の性質に起因する違いを無視できない[172]。第2に，事業・計画の決定に際して環境法以外の手続をどこまで一体化できるかの問題もある。それ故，完全な形での形式的統合は，現時点の我が国では，ユート

---

167) Storm-4, 168.
168) Calliess-8, 345; Franzius-2, 116.
169) Martini-2, 51; Calliess-4, 104.
170) Scheidler-2, 65.
171) BVerwG DVBl. 1989, 1055 (1059); Scholten, 702.
172) Storm-2, 20 ff.

ピアというべきである。

ⅱ 実体的統合（materielle Integration）

形式的統合を前提として，環境法関連許認可の要件事実の実体的な審査・決定プログラムを一体化することを意味し，リスクの発生抑制と全体としての最小化によって，「全体としての環境（Umwelt insgesamt od. Umwelt als Ganzes）」を高い水準で保護することが統合的環境管理の中核的要素である。[173]

実体法上の統合の切り口も多様であるが，概ね以下の如く整理できる。

α 媒体・部門間統合

環境法が対象とするリスクは，環境に対するリスクと環境負荷起因の生命・健康および財産権に対するリスクの全体で，これを，部門を超え，かつ，環境媒体を超えて統合する。それ故必然的に，環境媒体間の交互作用ないし移転効果に対する配慮を包含する。環境媒体を超える統合は，実体法上は保護水準が低下せず，かつ，執行を改善し，環境法の管理能力を高めるものでなければならない。

交互作用ないし移転効果の概念は必ずしも明確とはいえないが，ドイツ学説が挙げる例を参考とすると，環境媒体間の負荷移転と，これに伴う影響の拡大（例えば，大気汚染または水質汚濁経由の土壌汚染，大気汚染起因の酸性雨等）[174]と保護措置に基づく移転効果または Trade-off（例えば，廃棄物の発生抑制，リサイクル，処分に起因するエネルギー，自然資源の消費等[175]）の二類型を区別できよう。[176][177]

β 時間的統合

リスクの時間的一断面におけるリスク管理に限らず，時間的経過のなかで

---

173) Storm-4, 168; Calliess-8, 345.
174) Hoppe (Hrsg.), 91.
175) Feldmann, 131; Peters-3, 236.
176) Heitsch, 454; Schäfer, K., 446; Jankowski, 116; Epiney-3, 406.
177) Krings-1, 52. このほか，個別的負荷の集積による集積影響，複合影響ないし相乗効果を挙げる説もあるが（Heitsch, 454），交互作用ではなく影響そのものと考えられる（Peters-3, 236）。

の統合を含む。

　施設起因リスクにあっては施設設置，操業，操業停止以後の段階を含めた縦走的リスクの管理を内容とする。施設の建設，操業中あるいは end of pipe 技術にかぎらず，企画，設計段階から製造方法・製造工程の選択，原材料，エネルギーおよび操業停止後を含めて統合的に管理することによって，リスクの最小化を目指すことを求める。

　製品についても企画，設計から原材料選択を含め，製造段階，使用段階，使用後の廃棄物等のリサイクル・処分段階のフロー全体を視野にいれてリスクの発生抑制，最小化に対する配慮を求める（ライフサイクル統合）[178]。

　γ　リスク管理対象の統合

　施設起因リスク，物質・製品・廃棄物起因リスク以外にも，人為的活動に起因するリスクが存在する。土地開発・改変行為，遺伝子組み換え生物の解放型利用，森林変更，農林業等の non-point source 起因の環境リスク等はこの例である[179]。単一の有害物質または事業活動に起因するのではなく，自然利用の種類と範囲の全体に起因するから，全体としてのリスクの発生抑制と最小化を図るためには，これらのリスク全体を対象とすることが不可欠である[180]。

　iii　形式的統合と実体的統合の統合

　手続法上の統合が実体的統合と有機的に結び付けられ，認可の基礎となる実体法上の条件，即ち，全体としての環境影響の審査に統合されることが重要である[181]。さらに，環境影響評価を事業アセスから戦略アセスに拡大すれば，より早い時点でのリスク管理を可能とする。前記 UGB-RefE-2009 が統合的事業認可に事業アセス，計画アセスを結びつける手法は実体法上と手

---

178)　EU の統合的環境管理指令，統合的製品政策はこの方向を目指す例である。
179)　Rengeling が主張する物質起因，発生源起因，地域起因リスクの三つの統合（Rengeling-4, 22 u. 133）のうち地域起因リスクはこの領域の統合をいうものと考えられる。
180)　UBA (Hrsg.)-2, 174; Smeddinck, 202.
181)　Sellner-1, 82; Erbguth/Stollmann, 379; Staupe, 368; Maaß, 366; Calliess-7, 156; Scheidler-2, 63 u. 69; Luh, 4.

続・組織法上のリスク管理の統合とリスク管理時点の早期化の先進的事例と評価できる。

(5) 統合的環境管理の機能
a 学　説

統合的環境保護概念は，Martini が「統合的環境保護のコンセプトは現代環境法の Mythos と Mysterium の間で揺れ動くユートピアであり，意味は不明確で，統合的事業認可は簡明性，迅速性に欠け，審査材料を複雑化する」という如く[182]，不確定性と多様性を内在し，実体法上の統合の本質的機能も必ずしも明確とはいえないが[183]，学説は全体配慮律（Gebot der Gesamtbetrachtung），最小化律（Minimierungsgebot），最適化律（Optimierungsgebot），高い保護水準律（Gebot des hohes Schutzniveaw）等を挙げる[184]。

全体配慮律は，統合的環境管理の「環境媒体全体の完全な保護」ないし「環境全体の完全な保護」の側面に焦点をあてる[185]。例えば，Calliess は内部的統合の実質的意味を自問し，「交互作用を含めたすべての環境影響の全体評価」と結論し[186]，Masing も「環境の保護を可能な限りすべての環境負荷に及ぼすこと」という[187]。部門別ないし媒体別の保護の対立概念という以上に[188]，時間的統合，リスク管理対象統合，形式的統合と実体的統合の統合を含めて考えることができる。

最小化律は，統合的環境管理の「環境負荷の発生抑制と最小化」の側面に焦点をあてる。例えば，前記 OECD 勧告は「総体としての環境に対する損

---

182) Martini-2, 40. Zöttl-1, 161も同旨。
183) Di Fabio-2, 51; Röckinghausen, 37; Martini-1, 44; Albers, 400.
184) Rengeling-2, 324; Martini-1, 44.
185) Volkmann, 363; Luh, 3; SRU, Sondergutachten 2007, 36 f.
186) Calliess-8, 344.
187) Masing, 549. ほかに，Hansmann-1, 37 u. 49 ff.; Martini-1, 33; Buchholz, 67; Albers, 400.
188) Schröder, 29.

害発生のリスクを発生抑制または最小化」といい（UGB-RefE-2009に対する理由書も同じ[189]），連邦イミッション防止法の目的規定における「有害な環境影響の統合的な発生抑制と低減」（1条2項）も最小化律の視点を含む。DoldeはIVU指令の核心を環境汚染の統合的な発生抑制と低減に求める[190]。

環境法の原則は，一般的に，最適化律を含むと考えられるが[191]，Romerは「統合的コンセプトは最適化義務として存在する」という[192]。尤も，最小化律と最適化律は，ともにリスク管理上の方法論，措置論に焦点を当てる。

高い保護水準律は，EU環境法ではEU条約174条2項，ドイツ法では連邦イミッション防止法5条1項に根拠があり，健康・環境リスクに対する高い保護水準に焦点を当てる。例えば，UBAの統合的環境法に関する検討会報告書も統合コンセプトを「環境全体に対する高い水準の達成」と総括する[193]。

b 考　察

統合的環境管理の本質は環境保護の統合ではなく，統合による環境保護にある（UGB-RefE-2009の53条1項参照）。全体としての環境は保護の客体と理解される[194]。

全体配慮律はIntegrationの内容を最も素直にとらえるが[195]，統合的環境管理の本質が全体配慮に尽きるわけではない。EU統合的環境管理指令における統合的コンセプトについて，Wahlが，実体的・統合的要請の中核は，負荷移転の発生抑制，全体としての環境に対する，高い保護水準の三つの概念（Begriffs-Trias）にあると説明するように[196]，最小化律ないし最適化律と高

---

189) UGB-KomE, 627.
190) Dolde, 313. ほかに，Wasielewski-2, 374; Steinberg-1, 215; Lottermoser, 406; Oldiges, 274.
191) Sanden-3, 4.
192) Römer, 60 ff. ほかに，Martini-2, 53.
193) Schäfer, E., 17.
194) Röckinghausen, 39.
195) Bohne, 127; Röckinghausen, 39.
196) Wahl-2, 362.

い保護水準律を伴わない全体配慮律は統合的環境管理とは無縁であろう。全体配慮律と最小化律，最適化律，高い保護水準律とは，視点の置き方，強調する局面に差はあるものの，相互に関連しあい，かつ，重なりあう概念である。環境管理の視点からみれば，これら三つの概念は，統合的環境管理の目的は高い保護水準律にあり，最小化律と最適化律は高い保護水準確保に向けた措置論に焦点を当て，全体配慮律は保護水準決定のためのリスクの評価方法に焦点を当てる関係にあると考えることができる。

(6) 課　題
a 統合的リスクの定量的評価

現時点では，外部的統合の領域における環境政策目標と他の政策目標との統合的評価基準，内部的統合の領域における統合的リスク評価は存在しない。媒体を超える環境全体に対するリスクは媒体別リスクの総和とは異なるが，交互作用・移転効果を含めた環境全体に対するリスクを定量化する方法論も存在しない。[197] 即ち，環境媒体に対する排出のすべての影響を把握することは不可能であり，このような不確定性と困難性を克服して統合的・定量的評価を可能とする手法は，現在では，存在しない（但し，物質・製品・廃棄物関連領域では環境会計が一定の役割を果たしている[198]）。それ故，最小化律，最適化率の評価に定量的根拠を求めることは，行政に執行上困難を強いる結果となる。[199] それ故，実体法上の統合的環境管理に対する批判はこの点に集中する。

媒体を超える健康・環境リスクの判定条件として，媒体を超える排出限界値，交互作用・移転効果を斟酌した媒体別排出限界値，媒体を超える環境質基準等が論じられる。これらの方法論は前記第2類型の交互作用・移転効果

---

197) Zöttl-2, 92; Schreiber, 56; Schröder-3, 40; Erbguth/Stollmann, 380; Weber/Hermann, 1631; Vallendar, 418; Rehbinder-7, 362; Zöttl-1, 162; Steinberg-1, 218; Dolde, 314; Koch, 47; Schäfer, K., 444; Schmidt-Preuß, 861; Römer, 60 ff.; Masing, 551; Sauer, 101; Schink-1., 67.
198) Rehbinder-10, 84. Corino, 8 u. 33参照。
199) Storm-4, 168.

には妥当しないと考えられるが、いずれにせよ、現状では、これを実施可能な形で設定することは幻想であろう。[200]

b 代替パラメーター（技術水準）

 法政策の問題としては、統合的環境管理の本質的手法は限界値であるが、全体配慮律、最小化・最適化律、高い保護水準律の目的に合致する他のパラメーターあるいは技術的措置で代替することも可能であり[201]、これと媒体別排出基準を併用する次善策によって統合的リスク管理の目標に近づくことができると考えられる。技術水準は、それ自体、技術的側面から高い保護水準律、最小化・最適化律を目指すものであるし、媒体を超えて決定される点で全体配慮律を満たすから、媒体を超える排出限界値の設定が困難な現状では、代替案との比較における最適技術の選択は次善策として評価できる[202]。この方法は第1類型、第2類型の交互作用・移転効果ともに適用できる点に利点があり、現に、イギリス環境保護法、EU統合的環境管理指令、UGB-RefE-2009が前記限界をBATNEEC、BAT、技術水準の適用によって代替する。

 技術水準による最適化にも問題がないわけではない。第1に、最適性の評価、決定に困難を伴う点では媒体を超える排出限界値と異ならず、その限りで行政裁量を回避できない。代替案との比較で最善性を科学的に証明できない場合のリスクは、Martiniが主張するリスク配分の公平と法的安定性の観点から[203]、社会的許容リスクと考えなければならない。様々な負荷代替、保護措置のいずれが環境全体に対して最善か自然科学的に未解明の場合に最善性の証明を事業者に求めるとすれば、結果的に事業活動を否定することになりかねない。第2に、技術水準の概念は、前記の如く、技術的可能性のほか経済的受容性に配慮するから、保護水準低下のリスクがあるとする批判がある[204]。しかし、この場合の経済的受容性に対する配慮は比例原則を根拠とす

---

200)　例えば、Schmidt-Preuß, 861.
201)　Albers, 400.
202)　Martini-2, 49; Albers, 400.
203)　Martini-2, 49.

るから,統合的限界値によれば問題が解消するわけでもない。第3に,Koch が指摘するように,技術水準を基準とする場合には,技術的に遅れた環境保護部門における環境保護水準が他部門と比較して低下する危険が考えられないではない。しかし,健康・環境リスクに対する高い保護水準を確保するために技術革新を求める方向は先進諸国の環境法の大きな潮流であるから,本質的な支障とはいえまい。

(7) 我が国環境法における統合的環境管理

環境基本法は「総合的かつ計画的」と規定するが(例えば,1条),我が国の環境法を通じて健康・環境リスクの統合的管理の発想が希薄である。例えば,施設起因のリスク管理は環境媒体ごとの管理の組み合わせ方式で(例えば,大防法上のばい煙発生施設規制,水濁法上の特定施設規制,騒音規制法上の特定施設規制等々),環境媒体間のリスク移転に配慮せず,かつ,環境を保護法益としないために(例えば,大防法1条,14条),例えば,自然環境保全地域における保護対象はばい煙発生施設から排出されるばい煙起因のリスクからは,それが排出基準不遵守の違法がある場合にも保護されないといった問題点を含んでいる(同法14条,自然環境保全法30条,18条)。

形式的統合の視点では,特に,施設起因リスク管理の領域で,環境法上の手続に限っても,EU 統合的環境管理指令国内法化前のドイツ連邦イミッション防止法の施設単位の手続よりもさらに手続の分断が甚だしく,単一手続,単一官庁,単一決定のシステムから程遠い。このようなリスク管理方式はそれ自体不効率であるが,現状では形式的統合の発想はみられない。なお,EU が許認可制度による施設管理方式を採用するに対して,我が国では届け出制度を中核とする点に差があるが(例外として廃棄物処理法),届け出制度に審査手続を組み込むことは可能で(例えば,大防法9条ないし10条),

---

204) Winter, G., 23.
205) Koch, 45.

この点は統合的環境管理の本質的な障害と考えるべき必然性はない。

　実体的統合の視点では，第1に，保護法益が伝統的保護法益に限定される領域が多く，国際環境条約の国内法化領域，自然保護領域を除けば，環境を保護法益とする例は限定的である。保護法益を伝統的保護法益に限るか，環境を含むかの違いは，一般的，かつ，理論的にいう限りでは，環境管理水準に差を生じる。第2に，健康リスク・環境リスクに共通して，交互作用，移転効果を含めた媒体と部門を超えるリスク管理の発想はみられない。尤も，統合的環境管理の目標論としての高い保護水準律は，明示的規定はないものの，その理念は我が国でも明らかであり，措置論としての最小化律・最適化律はトップランナーないし技術水準の制度化，あるいは発生抑制の政策序列等の形で近年増加しているが，ここでも媒体と部門を超える発想はみられない（例えば，国際的に評価が高いトップランナー方式（エネルギーの使用の合理化に関する法律）もエネルギー効率のみを指標とする）。環境影響評価は部門・媒体を超えるコンセプトを持ち得るが，交互作用・移転効果に対する配慮は，現実には，大きいとはいえない。第3に，時間的統合は，物質・製品・廃棄物起因リスクの管理領域でライフサイクル管理の形で定着しつつある。施設起因リスクについても，施設設置者の配慮義務としての規定は一般的な形では存在しないが（例外として廃棄物処理法上の維持管理積立金積立義務（8条の5，15条の2の3）），土壌汚染，廃棄物に関しては，限定的ながら，間接的な形で施設操業停止後に対する配慮が求められる。

　最後に，手続法と実体法のリスク管理の統合の視点では，実体法上の管理基準・要件事実と環境影響評価法による審査基準の整合が重要である。例えば，環境影響評価義務対象の廃棄物最終処分場の例でいえば，実体法（廃棄物処理法）上要求されない環境配慮を環境影響評価法の横断条項のみに依存する方法には限界がある。

2　計画的リスク管理

　環境基本法は環境の保全に関する施策を「総合的かつ計画的に」推進する

旨を規定するとともに（1条，14条，15条等），環境基本計画（15条），公害防止計画（17条）を制度化する。同法以外にも，国レベル，地方自治体レベルの計画策定を規定する例は多い。特に，環境管理水準が高度化するほど，換言すれば，環境政策目標を損害発生の蓋然性がより低いレベルで設定するほど，中・長期的視野に基づく計画的政策措置が求められる。

(1) 実効性の担保

計画が実効性をもち得るためには幾つかの条件が必要である。

第1に，法政策目標を可能な限り定量的に具体化し，その達成時期を明示し，計画期間が長期にわたる場合には，中間目標とその達成時期を具体的に示さなければならない。そうでなければ，計画の実施状況，計画目標の達成状況を定期的に管理することができないからである。

第2に，計画目標とともに，その達成のための道筋を具体的に示さなければならない。そうでなければ計画目標達成が担保されないからである。

第3に，統計情報を系統的に収集する法システムがなければならない。そうでなければ定量的な計画目標を策定し，その達成状況を監視することができないからである。比較法的には，環境統計あるいは特定部門における統計量を系統的に把握する法制度があるが（ドイツ環境統計法，EU廃棄物統計規則等の例がある），我が国の指定統計情報収集システム（例えば，指定統計）は充分とはいえない。PRTR法に基づく一定の物質の排出移動量届出制度（5条），温暖化対策法に基づく温室効果ガス算定排出量報告義務（21条の2）等は統計量把握手段として活用することは可能ではあるが，環境法のすべての分野における計画策定を可能とする統計量を把握できているわけではない。

(2) オランダ国家環境政策計画

オランダ環境管理法上の国家環境政策計画（Milieubeleidplan）[206]は計画的環境リスク管理のモデルの一つである。初期段階（NEPP-1とNEPP-2）では

汚染された状態の原状回復に政策の重点が置かれたが，その後，環境を管理する考え方に移行し，基本理念を Absolute decoupling（経済成長と環境負荷の低減とを両立させること）と自然資源の持続的利用へとシフトさせたが，以下のような特徴をもつ。[207]

第1に，国家レベルの環境政策計画と地方レベルの環境政策計画が統合されていること。後者として，州レベル，地方圏レベル，市町村レベルの計画が同法上制度化されている。国家レベルの計画と地方レベルの計画は，法律の規定上は連結性がないが，現実には，後者が前者と無関係に策定されるとは考え難い。

第2に，重点項目を設定し，その達成を目標とした Target Group 方式による責任分担が図られること。重点項目は，その時点で重要視される政策課題が選択され，目標が達成されると次の重点課題が選択される。

第3に，計画策定と計画目標達成手段が統合されていること。この点は最も特徴的と評価でき，計画策定段階で Target Group ごとの義務設定を行う。この義務設定には規制的手法，誘導的手法，合意形成手法（環境協定）等の各種政策手法が mix される。国家政策目標を Target Group 毎の政策目標に配分し，さらに各企業ベースの政策目標に再配分され，その履行を施設設置・操業に関する枠組み認可制度で担保するものである。

第4に，計画策定と達成状況のフォローが統合されていること。国家レベルの環境政策計画と地方レベルの環境政策計画ともに，毎年環境政策行動計画を作成し，議会に報告することが義務づけられており（環境管理法第4編），これによって計画の実施状況の把握と，計画実施に向けた毎年の政策措置の予算措置が図られる仕組みである。

---

206) 松村ほか『オランダ環境法』81頁：柳ほか「オランダ第3次国家環境政策計画（NEPP-3）の概要(3)」108頁，高村ほか「オランダ第3次国家環境政策計画（NEPP-3）の概要(2)」64頁参照。
207) VROM, Evaluation (http://www2.minvrom.nl/pagina.html?id=5037).

三　リスク管理と原則論・政策手法論

1　リスク管理と原則論（リスク管理水準）

　環境法における予防原則は環境管理水準決定にかかわる行動準則として機能するが，高い環境質を政策目標とするほど，リスク管理水準はそれに応じてより厳しく，換言すれば，リスクをより小さくする方向（予防原則の方向）に作用する。

　予防原則（Vorsorgeprinzip）は，前記のごとく，保護法益を伝統的保護法益から環境に拡大したうえで，危険配慮のほか，将来配慮（Zukunftvorsorge），（狭義の）リスク配慮（Risikovorsorge）を含む（ドイツの通説。但し，危険配慮を予防原則の射程範囲としない説も少なくない）[208]。この理解は我が国でも妥当すると考えられる。即ち，予防原則は，環境関連リスクの管理対象を以下の三つの方向に拡大することによって公害法から環境法への変革を目指すための行動準則，即ち，環境管理水準決定に際して機能する行動準則と位置づけられ，リスク管理の射程範囲を

　　a　伝統的保護法益のほか，環境に拡大し（環境配慮），

　　b　損害発生の蓋然性が具体化ないし緊迫している場合のほか，具体化ないし緊迫性が低い場合に拡大する（将来配慮）。これによって次世代以降の人々の保護法益に対するリスクを予防することができるが，この将来配慮は自然資源に対する配慮を含む。さらに，

　　c　損害発生の蓋然性が相当高い場合（前記リスク類型のうち第1類型のリスク）のほか，蓋然性がより低い場合（前記リスク類型のうち第2類型のリスク）に拡大する（リスク配慮）。リスク配慮領域は社会的許容レベルを判定条件として残余リスク領域との境界（下限）を画すが，この下限についての政[209]

208）　拙著『環境協定の研究』81頁以下。

策的評価に際しても Je desto の公式にしたがう。

2 リスク管理と政策手法論（policy-Mix）

　環境法政策上の政策手法の観点からは多様な政策手法の統合が不可避である（手法統合：Policy-mix）。高い環境質を政策目標とするほど，したがってリスク管理水準をより厳しくするほど，政策目標達成のための政策手法は弾力性を求められる。特に，高い水準のリスク管理目標を設定し，技術開発を同時進行させることによって達成しようとする場合には，規制的手法の限界を，経済的インセンテイヴあるいは情報開示，刑事責任，私法上の責任等を背景とする誘導的手法，政府と経済界団体との間の合意を基礎とする自主的政策手法（環境協定等）を含めた多様な手法を組み合わせることによって克服する手法が不可欠であることについては，現在では共通認識が成立している[210]。

　また，環境負荷起因リスク，環境リスクともに，リスクが大きいほど，そしてリスク管理によって保護しようとする保護法益が重大であるほど，リスク管理に関する法的措置は，原因者に対する関係でも，公的機関に対する関係でも，ともに拘束性・覊束性が高いものであることが求められる。即ち，損害発生の蓋然性が高いほど，損害発生の時間的緊迫性が強いほど，そして発生が予測される損害が重大であるほど，リスク管理手法は事業者等の原因者に対しても，政策側（国，地方自治体）に対しても，拘束性が強い形が求められ，事業者等に対しては規制的手法の役割が大きい。この場合には，技術的可能性，経済的受容可能性を理由とする要請は後退し，禁止を含む強い政策手法が採用されなければならない。また，政策側に対しても，健康等あるいは環境に対するリスクの発生抑制ないし最小化を目的とする立法が義務づけられ，あるいは法執行上の政策措置が覊束的形式で規定され，裁量的規

---

209)　拙稿「環境法における国家の基本権保護と環境配慮(3)」177頁以下。
210)　de Bruijn, et., 56 ff.

定形式がとられる場合にも、解釈論として拘束的解釈を導く努力が求められる。ドイツの判例・通説が認める基本権保護義務論はこの例である。我が国では基本的人権保護義務を消極に解する説が多数であるが、判例・学説は、一定の要件のもとで、立法あるいは法執行の不作為を理由とする国家賠償責任を肯定する。

　これに対して、予防原則にしたがってリスクの管理水準を高め、その時点では技術的可能性、経済的受容性による限界から達成の見込みがないような環境保護目標を定め、技術的可能性、経済的受容性による限界を将来の技術開発によって克服しようとする場合には、中・長期的視野にたって、弾力的な手法（例えば、間接規制による誘導的手法、合意形成手法等）の活用を含む多様な法政策手法をcost-effectiveな形で最適化し（政策手法統合）、統合的かつ計画的に政策目標の達成を図ることが求められる。

　環基法が環境の保全に関する施策を「総合的かつ計画的に」推進する規定するのはこの趣旨である。計画は計画目標と、中長期計画では中間目標を設定するだけでなく、計画目標を実現するための方法を具体的に示す必要がある。その意味で計画目標とその実現方法（規制的手法、誘導的手法、合意的手法等）が統合された初めて、計画として有効に機能し得る。環境計画のモデル例の一つと評価されるオランダ環境管理法上の国家環境政策計画は、一方で地方公共団体レベルの環境政策計画と結びつき、他方で経済界等の主要な行動主体毎の役割を規制的手法、経済的手法、環境協定等でその実現方法を裏付ける（換言すれば、計画目標はこのような裏付けのある諸施策の効果の積み上げの結果である）。我が国でも、かつて公害防止計画目標の実現を各事業者との間で締結した公害防止協定によって担保した例はこの1例である。

四　役割分担

1　共同の責任

　環境政策目標の達成は国あるいは地方公共団体の立法，行政上の措置のみで確保されるわけではなく，経済界，市民を含めたすべての行動主体が各々の役割を公平に果たすことが不可欠である。このことは，特に，より高い水準の環境質を政策目標とする場合に重要である。環境基本法は責務規定の形式で，国，地方公共団体，事業者および市民の役割を確認している（6条ないし9条。類似の責務規定は多い）。このためには，各行動主体が透明性を高め，情報を共有し，環境保全関連の意思決定に際して他の行動主体が保有する情報を活用できるための制度的保障が前提となる。我が国では，情報公開法および各地方公共団体の情報公開条例によって国等の保有する情報については，企業機密等を理由とする制約はあるものの，何人にも情報公開請求権が保障されているが（各地方公共団体の情報公開条例に類似の制度がある），企業保有情報については限界がある。

　事業者については，環境配慮が規制の有無，程度にかかわらず，自らの事業活動，製品等に起因するヒトの健康あるいは環境に対するリスクが社会的許容レベルを下回るように自ら管理することは企業として存立するうえでの不可避的・内在的条件と認識すべきことが期待される（自己責任原則）。環境汚染物質を相当量排出する一定の事業者における公害防止統括者，公害防止管理者，公害防止主任管理者の選任（公害防止組織整備3条ないし5条），エネルギー消費量の多い一定の事業者におけるエネルギー管理者の選任（省エネ法7条）が義務づけられる。これらの者は，施設設置者の人事上の監督権限に服する点に制約があるとはいえ，事業者による環境管理の質を向上するための内部的組織として機能する。このほか，大企業ではISO-14000シリーズによる環境管理システムを導入する例が多い。この制度は自主的な制度

ではあるが，自ら環境管理の質と透明性の向上を図るうえで大きな機能を果たしうる。しかし，化学物質管理，気候変動防止，省エネ，廃棄物処理等の部門を考えると，中小企業レベルでの環境配慮の質を向上させることが重要で，国あるいは地方公共団体と経済界が協調して，取り組む必要がある。[211]

2　国・地方公共団体の責任

国・地方公共団体も自らに課された責任を果たさなければならない。環境基本法6条，7条は国と地方公共団体の責務規定にとどまるが，分担すべき役割の不履行が義務に転化する場合として三つの事例を示す。第1例は戦略・政策目標策定関連の事例，第2は地方自治体の管理権限が裁量的規定形式の事例，第3例は地方自治体の役割が拘束的規定形式の事例である。

(1) 事　例

a　EUにおける乗用車 CO_2 排出規制（排ガス関連）

1996年に策定されたEUの自動車部門に関する基本戦略目標（M_1型車・新車）[212]は，基準年（1995年）の排出量（$186g/CO_2/km$）を，中間目標（2003年）を$165\text{-}170g/CO_2/km$とし[213]，2008/9年目標を$140g/CO_2/km$（25％低減），2010年目標$120g/CO_2/km$（35％低減）とし，目標実現に向けて合意形成手法（EU委員会とEU自動車工業会（ACEA）[214]，日本自動車工業会（JAMA），韓国自動車工業会（KAMA）間で締結された環境協定）[215]を中核とし，情報提供と財政支援によってバックアップする統合的アプローチを採用した。しかし，環

---

211) 比較法的には，バイエルン協定等，ドイツ各州と州経済界間の各種協定に例がある。
212) COM(95)689およびCouncil Conclusions of 25.6.1996.
213) 実績値は，$166g/CO_2/km$（2002年），$160g/CO_2/km$（2004年）であった（COM(2004)78, 2.およびVDA, Auto Jahresbericht 2006, 102 (2006))。
214) COM(98)495 final.
215) Commission Recommendation-JAMAおよびCommission Recommendation-KAMA.

境協定による排出量低減が計画通り進行しないことが予測されたために，2007年に120g/CO_2/km を目標値とする排出規制（規則）[216]が提案され，2009年に制定・施行され[217]，2012年から適用されることとなった。この規則案制定過程で，EU 委員会側の分担とされた役割（情報提供と財政支援）の不履行が指摘され，その役割不履行の効果をメーカー側にしわ寄せすることの不合理が議論され[218]，結論として，規則上のメーカーの義務を130g/CO_2/km とし，不足の10g/CO_2/km（政策分）を新燃料等の政策措置で達成することが合意された。この事例は政策目標達成に向けた政策側の役割が定量的な形で合意された例である。

b 基本権（基本的人権）保護義務が争われた事例

我が国では基本的人権保護義務について消極説が通説とされるが，ドイツの通説は積極説で，判例も基本権保護が争われた Fristenlösung 判決（BVerfGE 39, 1 (41)）以来積極説で一貫し，環境法の領域でも例外ではない。基本権保護義務論は基本権保護が公的機関の広範な裁量に属する領域で基本権侵害に対する公的機関の事前配慮義務を認める[219]。

例えば，航空機騒音防止措置の不作為違法が争われた事例（BVerfGE 56, 54＝NJW 1981, 1655）では，連邦憲法裁判所が干渉できるのは，立法者に明らかな義務違反が認められる場合に限るが，本件ではこの要件を満たさないとして，基本権保護義務違反を認めないが，一般論としては国家の基本権保護義務を積極に解する。

---

216) COM(2007) 856 final.
217) Regulation (EC) No 443/2009 of the European Parliament and the Council of 23 April 2009 setting emission performance standards for new passenger cars as part of the Community's integrated approach to reduce CO_2 emissions from light-duty vehicles (OJ. L 140/1).
218) 例えば，ACEA は外部的要素（エコドライブ等）が約15g/km 単体努力を減殺しているという。
219) 拙稿「環境法における国家の基本権保護と環境配慮(1)」139頁。

(a) 事実の要旨

申立人（空港近辺の航空騒音防止法上の保護地区内で，滑走路から約80mないし500mの位置に家屋を有する2人）は，航空機騒音を理由に，航空騒音防止法制定に際して異議を提起したが，制定後改めて本件憲法異議を提起し，航空騒音防止対策は発生源規制によるべきで，国家機関は空港騒音の有効な防止措置を講じないことに憲法上の義務違反があると主張し，憲法違反の確認と国家機関が救済策を策定すべき期間の設定を求めた。保護義務との関連での争点は規制の事後改善に関する国家の義務違反の存否である。

(b) 連邦憲法裁判所判決

基本法2条2項から導かれる保護義務が身体的に生物学的・生理学的な意味での健全性の保護に限るか，精神的・情緒的領域，物的健全性，社会的健全性も含むかの問題は，必ずしも確立しているとはいえないが，これを狭義に解しても，空港設置起因の航空騒音は，身体的結果ではなく，物的・社会的健全性の侵害につきるという理由で国家の保護義務を消極に解することにはならない。少なくとも睡眠障害の形では，身体的健全性に対する影響は異論を呈することが困難である。航空機騒音は，現時点での科学水準によれば，狭義の身体的健全性を侵害するおそれはないが，基本法2条2項の保護法益に対する重大でないとはいえない危険をはらんでいる。専門家の多くは重度の交通騒音による健康リスクを説明するが，どの程度の水準の交通騒音が生理学的健康損害をもたらすおそれがあるかに関する確実な知見は知られていない。基本権に対する危険関連リスクも国家機関の保護義務に含まれることは，多くの判例が明らかにしている。それ故，基本法2条2項から導かれる保護義務は健康に危険な航空騒音の影響を含むと考えられるから，申立人は立法者が既存の騒音未然防止措置の事後改善を行うべきことを出発点とすることができる。

最近の判例によれば，憲法上，立法者は，従前合憲と考えられていた規制を事後改善することを義務づけられる。即ち，立法者が決定を行い，その決定の基盤が法律制定時点では未だ予知できなかった新展開によって疑問とな

った場合には，憲法を理由に，従来の決定が状況の変化のなかでも正当化されるか否かを検討すべきものとすることができる。このような事後改善義務は，基本法関連領域では，特に，国家が認可の前提条件を創出することによって，および認可を付与することによって，基本権侵害に対する固有の共同責任を引き受ける場合に考慮することができる。1970年代初頭以降の航空航行数の飛躍的増加，エンジンの改良等の事情による騒音状態の深刻化，技術の進歩と科学知見の蓄積等の事情を考えると，航空機騒音防止の領域ではこのような事後改善義務が妥当する。

c 市民の自治体に対する沿道大気汚染防止計画策定請求が争われた事例
(a) 事実の要旨

本件で争われた PM_{10} にかかわる大気質限界値（Immisshionsgrenzwert）は旧 EU 大気質枠組指令（96/92/EG。現在は新指令2008/50/EC）を国内法化[220]したものであるが（連邦イミッシオン防止法48条 a に基づいて同法第22施行令 3 条），健康保護を目的とする本件 PM_{10} にかかる限界値（日平均等値）が原則として拘束力を有することについては，ドイツ環境法学説上異論がない[221]。同法は右基準値に適合する大気環境質を達成・維持するために管轄庁の措置義務を課す（45条）。具体的には，第 1 段階として，環境濃度限界値超過の場合における管轄庁の大気清浄化計画策定義務（47条 1 項）および環境濃度限界値超過の危険がある場合における管轄庁の行動計画策定義務（同法47条 2 項）を規定し，これらの計画で環境濃度限界値を超過させないための措置の具体化を義務づける。さらに，第 2 段階で，これらの計画上の措置を実施するための管轄庁の命令・決定権限を規定する（同条 6 項）ほか，右基準値達成のために，①本法に基づく法規命令を実施するためのケースバイケースでの管轄庁の命令権限規定（同法24条 1 文），②交通管轄庁の自動車交通の制限ないし禁止権限（同法40条 1 項），③大気質基準超過に道路交通が寄与してい

---

220) Directive 2008/50/EC (OJ. L. 152, 1).
221) Rehbinder-14, 11; Engelhardt/Schlicht, 173.

る場合における交通管轄庁の自動車交通の制限ないし禁止権限（同条2項），④第47条による計画を含む環境濃度限界値の維持を確保するために必要な措置を講ずる権限（同法45条1項）に関して規定する。

原告が居住するバイエルン州ミュンヘン地区では，大気清浄化計画は策定されたものの，行動計画は未策定であったが，原告居住地近辺測局（約900mの距離に位置する）ではPM_{10}にかかる環境濃度限界値（健康項目）を超過する状況で，汚染に対して相当程度の自動車排ガスの寄与があるので，原告は，2005年3月にバイエルン州政府に対して行動計画の策定を求め，州政府の回答を不服として，管轄庁を被告として，原告居住地区にかかわる大気清浄化行動計画の策定（第1訴訟）と濃度限界値達成のための交通規制等の措置の実施（第2訴訟）を求める訴訟を提起した。

(b) 第1訴訟

環境濃度限界値を超過する状況にあるが大気清浄化行動計画が未策定の場合に，当該地域住民が右行動計画策定請求権を有するかが争点である。

1審判決（NVwZ 2006, 1219）は請求を棄却したが，2審判決（NVwZ 2007, 233）は請求を認容し，原告居住地区における大気環境のレベルがPM_{10}環境濃度限界値（健康項目）を超えることを認定したうえで，①管轄庁は行動計画策定義務があること，②ミュンヘン大気清浄化計画は行動計画として満たすべき内容が充分とはいえず，したがって，管轄庁は本件地域にかかわる行動計画策定義務を履行していない旨を述べ，原告には関係住民として行動計画策定を求める法的権利があるとした。これに対して連邦行政裁判所（BVerwGE 128, 278）は，ミュンヘン地域に大気清浄化行動計画は存在せず，州の策定不作為を違法としたが，「PM_{10}かかる健康関連環境濃度限界値超過の場合において，ドイツ国内法上は，第三者は行動計画策定（連邦イミッション防止法47条2項）に対する請求権を有しない」としたうえで，EU指令96/62/EGが環境濃度限界値超過地域の住民に右行動計画策定請求権を認める趣旨か等について，EU裁判所に判断を付託した。

EU裁判所判決（EuGH-C-237/07）によれば，指令96/62/EG第7条3項

の解釈として，限界値を超える危険がある場合には，直接の関係者は，国内法上加盟国管轄庁に大気汚染防止を求める訴訟の途が他の形式で存在する場合でも，右管轄庁に行動計画策定を求める地位になければならない。この場合に，加盟国が義務づけられる措置は，国内裁判所の法的判断にしたがって，(行動計画の内容にしたがい，かつ，短期で)，現実の周辺事情と対立するすべての利害を斟酌したうえで，限界値または警戒値を超える危険を最小化でき，かつ，段階的に右値または判定条件以下に低下させる措置に限る。

(c) 第2訴訟

当初，道路交通法上の行政行為（道路利用制限，禁止，迂回措置等）の発動を目的とする不作為違法確認訴訟（行政裁判所法75条）の形式で提起されたが，2審段階でPM_{10}濃度限界値を維持するために考え得るすべての措置を求める一般的給付訴訟に拡大された。大気清浄化行動計画が未策定で，環境濃度限界値超過の場合における，当該地域住民の計画外措置実施請求権の存否が争点である。

1審判決（NVwZ 2006, 1215），2審判決（NVwZ 2007, 230＝UPR 2007, 111）ともに請求棄却。これに対して連邦行政裁判所は，前記 BVerwGE 128, 278 において「PM_{10}環境濃度限界値（健康項目）超過にかかわりを有する第三者は計画外の措置の実施を請求する方法で，健康侵害防止の目的を達成することができる」としていたが，本件判決（BVerwGE 129, 296）で，「管轄機関が行動計画策定義務に違反した場合には，管轄官庁は限界値超過を低減するために適切，かつ，比例原則に適う，計画外の措置を行うことを義務付けられる。そう解しなければ，限界値超過地区の住民はその権利を侵害されることになる」とし，「PM_{10}環境濃度限界値（健康項目）超過にかかわりを有する第三者は，健康侵害防止請求権を，計画とかかわりがない措置の実施を求める方法で行使することができる」と判断した（但し，約900m離れた位置の測定値が原告居住地における暴露として代表性をもち得るか否かの事実審理のため，原審差戻）。

(2) 考 察

　連邦イミッシオン防止法は，政策側が計画，行動計画を策定し，そこに記載された政策措置を実施することによって限界値の達成を予定するから，政策側の義務履行が不充分な場合にその履行を促す方法として，①計画策定済のときの計画上の措置の履行請求，②計画未策定のときの計画策定請求，③計画未策定のときの計画外の措置の実施請求等の方法の当否が論じられるが，本事案ではこのうち②（第1訴訟）と③（第2訴訟）が争点とされている。

　第1訴訟に関する連邦行政裁判所の判断については積極[223]，消極[224]の両説が別れるが，連邦行政裁判所とEU裁判所の判断の違いは保護規範論（Schutznormtheorie）[225]に対する温度差に起因する（ドイツ法上の保護規範論によれば，市民の請求権が許されるのは，法令の規定が一般的公的利害にかかわるだけでは足りず，個々の市民の利害にかかわるものであることを要する）。また，第2訴訟に関する連邦行政裁判所の判断については，市民の清浄な大気に対する権利を認めたものとする評価があるが[226]，本判決以前から大気質限界値超過によって健康侵害を受けるおそれがある者に限っては市民の権利が積極に解されるとともに，それ以外の一般市民の請求権（民衆訴訟）については消極に解されていたから[227]，その意味では，本件判決は従来の学説に沿ったものといえよう。本件は環境負荷起因の健康に対する危険領域（前記第1類型の伝統的保護法益に対するリスク領域）を射程とするにとどまり，前記環境に対する第1類型のリスクを含めて環境リスクは射程外に置かれており，この点では基本権保護義務論と同じであるが，政策側が健康に対する第1類型のリスクに対する事前配慮に関する役割を履行せず，またはその履行が充分でない場合

---

222) Scheidler-1, 657 f.; Wöckel-2, 33.
223) Jarass-3, 711.
224) Winkler-3, 364 ff.; Streppel-2, 25.
225) Streppel-1, 191 f.; Winkler-2, 198 ff.
226) BMU-Press Nr. 260/07; Streppel, 23.
227) Jarass-1, 746.

について，市民の側から環境質管理基準の維持・達成にかかわる事前配慮領域で政策側の充分な役割履行を求める法的手段を広げた点で重要である。

　我が国の法制度はドイツとは異なるが，国・自治体側の義務不履行または裁量権限不行使を理由として損害発生後の賠償請求が容認されるような状況のもとでは，事前にその発生防止を求める法的手段が，立法レベルを含めて，開かれていなければ，法治国家原則に照らして相当とはいえまい。

第3章　環境法の原則

一　はじめに

1　比較法・学説

　環境法の原則（Prinzip ないし Grundsatz）として何を挙げるかは，比較法的にも定説がない。

　EU 条約は高水準の環境質を目標とし，環境法の原則として予防原則，未然防止原則，発生源対策原則，汚染者支払原則を明記する（174条2項）。

　ドイツでは，実定法上は1990年統合条約が[1][2]，環境保全に関して「予防，原因者負担および協調原則に配慮して，ヒトの生命の自然の基盤を保全し，かつ，環境上の生命の関係の統一性を，高度の，少なくともドイツ連邦において達成されている水準で，求めることを立法者の責務とする」と規定し（34条），さらに，国家条約も[3]，「ヒト，動植物，土壌，水，大気，気候および景観ならびに文化財その他の財を有害な環境影響から保護することは，本条約の両当事者の特別の関心事である。その保護に際しては，予防原則，原因者負担原則および協調原則により管理する。両当事者は早急に一つのドイツ環境連合を実現することに努力する」と規定することによって，伝統的3原則（Prinziptrias）を指導原則として明記し（16条1項），右統合条約の実施を目

---

1)　フランス環境法上の原則につき野澤143頁，オランダ環境法上の原則につき拙稿「環境法の原則」5頁，スイス環境法上の原則につき Vallender/Morell, 128 ff.
2)　BGBl. II. S. 885/1990.
3)　BGBl. II. S. 518/1990.

的とする環境枠組法も前文で3原則を規定する，しかし，これらの規定の趣旨は高い水準での環境保全を目指す点に中核があり，かつ，3原則の具体的意味・内容，法的性格等を規定していない。[4] 一方，環境法典草案は，1990年草案（Prof-E-AT, 4条ないし6条），1997年草案（KOM-E, 5条ないし7条），1998年草案（RefE-1998, A-3条）のいずれの草案にも3原則明示する規定が予定された。これに対して2009年草案（RefE-2009）は，2007年11月19日草案では3原則のほかに高い保護水準，危険防御の趣旨を明記したものの，文言上はこれらを原則と規定しなかったが（2条），2008年5月20日草案は以下の如く伝統的3原則のほか，危険防御原則（Gefahrenabwehrprinzip）を規定した（1編1条2項1号）。しかし，2008年12月4日草案では，伝統的3原則と危険防御（原則）のほか，さらに公的負担（原則）の趣旨を加える一方で，原則という形では明記しない規定形式を予定し，環境法の原則論についてはなお理解の統一が未確立であることを窺がわせる。

「(2) 人および環境を保護するために以下の一般的原則を適用する：
1．人または環境に対する危険を防御すべきこと（危険防御原則）
2．人または環境に対するリスクを，可能な限り，予防的行動によって発生抑制または低減すべきこと（予防原則）
3．人または環境に対する危険またはリスクをもたらす者はこれに対して責任を負うべきこと（原因者負担原則）
4．社会と国家は人および環境の保護に際して協働すべきこと（協調原則）
　　人および環境を保護するための措置は高い保護水準を保障すべきものとする；この場合に，環境財による不利な影響が他の環境財または人間に移転するおそれに配慮しなければならない。」

連邦環境・自然保護・原子力省は，初期段階では予防原則，原因者負担原則，協調原則を挙げたが，[5] その後，この3原則に統合原則（Integrationsprin-zip），[6] 持続性原則（Nachhaltigkeitsprinzip）[7] などを加える例もある。

---

4) 拙著『環境協定の研究』9頁．
5) 例えば，BT-Drs. VI/2710, 10; BT-Drs. 10/6028, 12. 8.

学説を概観すると，極く初期の教科書は環境法の原則について論じていないが（Kimminich など），その後伝統的 3 原則を挙げるものが多い。さらに，Breuer[8] は予防原則，非悪化原則（Verschlechterungsverbot bzw. Bestandsschutzprinzip），原因者負担原則，公的負担原則（Gemeinlastprinzip），協調原則を，Tünnesen-Harmes[9] は予防原則，原因者負担原則，公的負担原則，協調原則をあげる。最近の教科書をみると，Peters は 3 原則のうち予防原則を保護原則と併記するほか，情報原則（Informationsprinzip）を挙げ[10]，Kloepfer は伝統的 3 原則のほか公的負担原則と，統合原則を挙げたうえで，予防原則の近隣原則として保護原則，持続性原則，ゆりかごから墓場まで原則（cradle-to-grave-Prinzip），非悪化原則，代償原則，事後配慮原則（Nachsorgeprinzip）を，帰責原則として原因者負担原則とともに公的負担原則，被害者負担原則（Geschädigtenprinzip）を，協調原則の近隣原則として考量原則（Abwägungsprinzip）と管理された自己責任原則（Prinzip der kontrollierten Eigenverantwortlichkeit）を挙げ[11]，Schmidt/Kahl は 3 原則のほか，統合原則と持続性原則を挙げる[12]。Schwartenmann は実体的原則と手続原則を区分し，前者として危険防御・保護原則，予防原則，持続性原則，原因者負担原則，公的負担原則，横断原則（Querschnitsprinzip）を，後者として，統合原則，代償性原則（Kompensationsprinzip），越境的環境保護原則，協調原則を挙げる[13]。Rehbinder は，伝統的 3 原則のうち予防原則を保護原則とペアで扱い，原因者負担原則とともに公的負担原則，集団負担原則（Gruppenlastprinzip），受益者負担原則（Nutznießerprinzip）を併記し，かつ，協調原

---

6) BMU, Aus Verantwortung für die Zukunft, 9.
7) BR, Umweltbericht 2000, 18.
8) Breuer-6, 468 ff.
9) Tünnesen-Harmes, 1 ff.; Arndt, 866 ff.
10) Peters-2, 7 ff.
11) Kloepfer-11, 165 ff. このほか，ders. 10, 369 ff. 参照。
12) Schmidt/Kahl, 8 ff.
13) Schwartenmann, 14 ff.

則を協調原則と国際的協調原則（Grundsatz der internationalen Kooperation）に2分するとともに，持続性原則と統合原則を論じている[14]。また，Erbguth/Schlackeは最近の教科書で伝統的3原則を挙げるが，このほか学説で論じられている原則として，非悪化原則，配慮原則（Vorsorgeprinzip），危険防御ないし保護原則，持続性原則，ゆりかごから墓場まで原則，統合原則を挙げる[15]。

　このようにドイツ法を概観しただけでも，環境法の原則が多様化，拡散し，かつ，諸説が主張する各原則間に機能面，作用領域面で重なりあいが生じている。即ち，伝統的3原則は作用領域を共通するが，機能を異にし，予防原則は環境管理水準決定準則，原因者負担原則は主位的帰責準則，協調原則は手法準則の一つと理解される。これに対して，例えば，統合原則，持続性原則の原則性に関する議論では，予防原則との関係において機能の共通性と作用領域の重なりが認識され，その結果，原則としての固有性が問われ，さらには，具体的内容が不確定性を伴うために行動準則としての実質を疑う議論も存在する。

　わが国では，「環境法の原則」を明記する規定は存在しない。環境基本法は原因者負担原則（36条），受益者負担原則（37条）の趣旨を規定するが（同種の規定は自然保護法等にも存在する），原則と明記したわけではなく，環境法全体として原則が体系的に整理されているとはいえない。学説にも体系的分析は少なく，かつ，多くは国際環境法あるいはEU環境法，フランス環境法，ドイツ環境法等を基礎として，他の国の考え方で補充する。例えば，大塚教授はEU環境法の考え方を起点として汚染者負担（支払）原則，予防原則，協働原則を，松浦教授はドイツ環境法の考え方を起点として原因者負担原則，予防原則，協働原則を挙げる[16][17]。筆者は同じくドイツ環境法を中核とし

---

14) Rehbinder-15, 134 ff.
15) Erbguth/Schlacke, 48 ff.
16) 大塚『環境法』56頁以下。
17) 松浦『環境法概説』48頁。

て3原則のほか，自己責任原則，ALARA・最新化原則，透明性原則等を挙げたが[18]，各原則と，機能面，作用領域面での他の原則，特に，予防原則との重なり合いを分析したうえでの原則としての固有性は未検証である。

以下では，ドイツ環境法を起点としつつ，特にわが国の現状と将来における環境法・政策の方向性を示す意味で，伝統的な三原則（予防原則，原因者負担原則，協調原則）とこれらの原則の根底にある自己責任原則のほか，ドイツ学説が挙げるその他の主要な諸原則について概観する。

2　行動準則（Handlungsmaxime）

原則は規範と区別され，法令で明示的に規定されることを要せず，法令の理念，目的，または措置に関する規定の総体から行動準則として一般・抽象的な形で抽出されれば足る。環境法上の原則は環境管理に関する公権力（国・地方自治体）の意思決定に際しての行動準則と理解される。公権力以外の意思決定準則は，環境管理関連であっても，環境法の原則と位置づけることはできない。

単なる環境政策上の不確定概念（政策目的で使用される美辞麗句[19]，中身のない流行り言葉[20]，政策上の標語・スローガン[21]等と表現されることもある）としての性格を超えて原則と位置づけ得るには，行動準則としての実質と具体性を有しなければならない[22]。そうでなければ意思決定準則として機能し得ないからである。予防原則について，しばしば，予防的アプローチあるいは予防的方策と表現される場合には，そこでいうアプローチあるいは方策の具体的意味は何か，原則との差は何かが問われなければならない。

公権力の行動準則としての環境法の原則の名宛人は，立法，行政，司法上

---

18)　松村・柳・荏原・小賀野・織『ロースクール環境法』52頁以下，65頁以下。
19)　Ronellenfitsch-2, 385.
20)　Ketteler, 522.
21)　Schlacke, 377.
22)　Frenz/Unnerstall, 113; Rehbinder-11, 657; Ketteler, 521; Murswiek-6, 641; Sieben, 1173.

の公権的国家機関（以下，地方自治体を含む）に一般的に及ぶ。しかし，行政は法律の留保の原則にしたがった法律の執行を本旨とし，司法はその適用を司る以上，いずれの公権力行使も法律の枠内で限界づけられる。それ故，環境法の原則の準則としての機能は，一義的には，立法に向けられる。この点は，例えば，基本権保護義務の名宛人が広く公的機関一般に及ぶものの，一義的には立法機関を名宛人とすると理解されることと共通する[23]。尤も，原則の具体化が法令によって行政に授権される場合（例えば，下位法令に委ねる場合）または不確定概念によって規定される場合には，その範囲では行政上の決定準則として機能するし，さらに，原則の具体化が法令によって裁量的形式または解釈余地を残す形で規定される場合等には，裁量と解釈の枠内で，法律の執行上も誘導機能をもつ[24]。このように環境法の原則は立法機関を第一義とする国家機関の意思決定に際しての行動準則として作用するから，原則自体から直接国民・企業等の国家以外の行動主体の具体的な権利あるいは義務を導くことはできない[25]。換言すれば，原則を具体的権利義務の根拠とすることはできず，原則にしたがって制定された法令の具体的規定によって初めて具体的権利義務が成立する[26]。

　ドイツで使い捨て型飲料容器に関する市町村レベルの課税の合憲性が争われた事例で連邦最高裁判所が示した違憲判断（BVerfGE 98, 106）に対して，協調原則の法原則性が論じられた[27]。この事件では連邦レベルで連邦政府・経済界間の合意形成を基礎として経済界側の投資による使用済飲料容器の回収，リサイクルシステムが制度化されており，紛争の背景には市町村レベルの課税によって2重負担を生じるという事情があった。本判決は，この論点の解決に際して非矛盾原則（Grundsatz der Widerspruchfreiheit）の考え方を

23）拙稿「環境法における国家の基本権保護と環境配慮(2)」93頁。
24）Sanden-3, 6.
25）Scheidler-4, 12.
26）Sanden-3, 5.
27）拙著『環境協定の研究』53頁以下。

根拠として，その具体的当てはめに際して協調コンセプトを援用し，本件包装容器税は連邦法秩序，すなわち，協調を基調とする連邦立法者の包装容器廃棄物発生抑制政策関連法秩序と整合性を欠くとの理由で，申立人の基本法1条1項に基づく基本権の侵害を認め，本件包装容器税条例を無効と判断した（このほか，州法上の廃棄物特別課徴金の合憲性が争われた違憲判断例がある（BVerfGE 98, 83））。右判決が協調原則に法原則性を認めたとする理解は少数説で，ほかに政策原則説（多数説），原則性消極説（少数説）[28]が見られた。法原則の意味については必ずしも理解が確立しているとはいい難いが，伝統的学説は法的拘束力をクライテリアとし，Rehbinder も持続的発展に関して法原則を環境立法の構造原則と理解する[29]。Fabio[30] も立法（右判決の例では市町村の条例制定）に対して拘束力を伴う意味で用いた。しかし，立法に対する拘束力を導くためには，例えば，比例原則のように，憲法あるいはこれに準ずる規範に根拠を要すると考えられる[31]。環境法の伝統的3原則をこのような意味での法原則と位置づけ得るかは疑問で，あくまで環境管理に関する意思決定に際しての政策原則と理解すべきものと考える。

3　固　有　性

原則は他の原則に対する固有性・独自性を主張し得るのでなければならない。ある行動準則が他の準則と機能または作用領域の点で重なりあうことはありうるが，機能と作用領域ともに同じくする二つの準則は，両者がともに重なり合う範囲では独自性を認めるべき必然性はなく，特に，機能を共通し，作用領域が本質的に他の準則に含まれる行動準則は，単に理念あるいは視点が異なるというだけでは，これを敢えて固有の原則と位置づける意味は

---

28)　Murswiek-5, 7.
29)　Rehbinder-4, 269; ders.-9, 52.
30)　Fabio-3, 37 ff.
31)　例えば，Westphal は協調原則について事物の性質論から法原則性を導く（Westphal, 996）。

少ない。

第1に，機能の固有性については，その行動準則が対象とする国家の意思決定がどのような目的で行われ，どのような機能を有するかにかかわる。例えば，環境法の伝統的3原則の一つである原因者負担原則は，正義を根拠とする主位的帰責原則と位置づけられ，環境管理を目的とする措置の実施・不実施あるいは公共事業型環境管理措置の費用負担に関する法的責任の帰属の決定の領域で機能し，帰責原則としての機能の点では他の帰責原則（例えば，被害者負担，所有者負担，公的負担等々）と共通性をもつが，帰責主体は異なる。[32]

第2に，作用領域の固有性については，その行動準則が適用される領域が他の準則に対して固有の領域を主張できるかが問われる。同じく伝統的3原則の一つである予防原則に含まれるとされてきた危険防御とリスク配慮は，ともに環境管理水準決定機能を持つ点で共通するが，前者が損害発生の蓋然性が充分な領域で作用するに対して，後者はその蓋然性が充分でない領域で作用する点に固有性を認められる。

二　伝統的3原則（Prinziptrias）

1　予防原則（Vorsorgeprinzip）

(1)　経　緯

a　国際環境法[33]

この点については多くの論稿があるので，深入りしないが，アジェンダ21（1992年）の第15原則「環境を保全するために，各国は予防措置をその能力に応じて広く適用しなければならない。重大または不可逆的な損害が発生

---

32)　松村・柳・荏原・小賀野・織『ロースクール環境法』52頁以下。
33)　岩田「予防原則とは何か」49頁；岩間「国際環境法における予防原則とリスク評価・管理」285頁以下；小山「EUにおける『予防原則』の法的地位」221頁以下。

二 伝統的3原則 　*91*

するおそれがある場合には，科学的確実性が完全とはいえないことが環境劣化防止のための費用対効果の大きい措置を遅らせる理由とされてはならない」がしばしば引用され[34]，EU 条約も予防原則（Precautionary principle）を明記し，統合的製品政策に関する Green Paper（COM（2001）68 final.），化学物質戦略に関する政策文書（COM（2003）179 final.），環境責任に関する White Paper（COM（2000）66 final.）も予防原則を前提とする。予防原則について EU 条約に定義規定は存在せず，共通認識があるとはいえないが，学説は，予防原則を未然防止原則（Preventive principle. EU 学説はより早い段階の事前配慮性と発生抑制・最小化等を例示する[35]）と混同すべきでないとし[36]，ある物質または行為がヒトの健康または環境に及ぼす危険について科学的証明が不確実な段階で，その物質または行為に対する規制を決定することと理解されており[37]，2000年に公表された EU の「予防原則に関する委員会からの情報発信」と題する政策文書（COM（2000）1 final.）もこれを前提としている[38]。国際環境法の領域でも，現時点では，予防原則が国際的慣習法として確立しているかについても消極的な理解が多数とされる。WTO のホルモン牛事件で，EU は，リスクが小さいことを示す科学的証拠が存在する状況下で，安全，即ち，ゼロリスクを示唆する科学的証拠がないことを理由として予防的アプローチ（輸入禁止）の正当性を主張したが，採用されなかった。

b　ドイツ環境法

ドイツでも予防原則は多様性を持ちつつも[39]，実定法上の規定があり，環境政策上，判例上，学説上も肯定されている。EU の予防原則はドイツにおける予防原則を範とすると説明されるが[40]，ドイツ法上は，危険防御，リスク配

---

34)　気候変動防止枠組み条約3条（1992年）および生物多様性条約前文（1992年）にもアジェンダ21第15原則と同趣旨の規定がある。
35)　例えば，Wolf, S./White, A., Principles of Environmental Law, 2 ed. (1997).
36)　Jans, 35.
37)　Jans, 33.
38)　その後のＥＵ政策文書，EU 裁判所判例については，Falke, 265.
39)　Werner, 335.

慮，将来配慮を含む広義の概念である。
　(a)　実定法
　前記の如く1990年ドイツ統合条約（34条），国家条約（16条1項），環境枠組法（前文）が3原則を明記するが，予防原則の具体的意味・内容，法的性格等を規定していない。
　環境法典草案を概観すると，1990年草案・総論編（UGB-ProfE-AT）は，環境法の原則として，原因者負担原則，協調原則とともに，予防原則に当たる手法が多様であることに配慮し，これに一般的な形で法的枠組みを与え，多機能的準則として理解すべき旨を明記するため[41]，「適切な措置，特に，予見的な計画および技術水準に合致した排出制限により，回避可能またはその長期的結果に関して予見できない環境侵害を可能な限り排除するよう努力すべきものとする」旨の規定を予定した（4条）。環境に対する侵襲を負荷，リスク，危険，損害の四類型に区分した場合に，損害発生を排除すべきことについては争いがないが，単なる不快感ないし負荷は，文明の負担として社会的に相当性を有するから，基本法違反を構成しない。しかし，負荷と損害との間に位置するリスクに対して国家機関が講じる予防措置については憲法との係わりが問題となる余地があるが，草案は，危険の発生を排除することは危険未然予防の範囲に属し，その時点の科学水準に照らして現実に予見できない危険の未然予防も合理性を持ちうるし，同様に，予防措置を実施したために損害発生を予見できないが，損害発生の可能性（リスク）を完全に排除することはできない場合のリスク配慮は憲法上認め得るとする考え方を基礎とする。この場合には，予防原則は部分的には配慮原則（Vorsichtsprinzip。環境に対する有害性が証明されず，蓋然性がないとはいえないあるいは単に考えることができるという場合に潜在的環境負荷を伴う行為を阻止する原則をいう。この原則は絶対的なものではなく，リスクの受忍限度による限界がある）に

---

40)　Jans, 33.
41)　UGB-AT, 140 (1990).

近似すると説明されているが，この考え方によって，影響，因果関係が自然科学的に不確実であるために，損害発生の可能性しか示せない場合，換言すれば潜在的懸念が認められる場合でも，国家機関による予防は憲法上可能であると説明される。次いで1997年草案（UGB-KomE）は，「第5条（予防原則）(1)環境または人に対するリスクは，特に，先見的な計画策定および適切な技術による事前配慮の方法により，可能な限り排除または最小化するものとする。(2)予防的アプローチは，感受性の高いグループおよび生態系のうち感受性の高い構成要素をも保護するものとする。(3)環境の質は損傷を受けた地域においては修復し，損傷を受けていない地域では保全するものとする。」との規定を予定し，早期に対応し，危険回避に限らずリスクの最小化を目指すという，既にコンセンサスが得られている原則を明文化するものと説明される[42]。1998年草案（RefE-1998）は単に3原則を規定するにとどまるが（A-3条），2009年草案（RefE-2009, 2008年5月20日）は「人または環境に対するリスクを，可能な限り，予防的行動によって発生抑制または低減すべきこと（予防原則）」の規定を予定した（1編1条2項2号）。

(b) 環境政策

　i　1971年環境行動計画

　この行動計画は，環境保全政策を強化するうえで生存配慮を国家の優先的責務としたうえで，体系的な将来予測と計画策定によって，科学・技術水準を適用して自然の基盤の保全と発展を目指す必要性を強調した[43]。そこでは，自然の基盤（水，大気，土壌）の利用は，将来世代の人々も等しく利用できる規模に限るべきであるとする認識を基礎として，投資活動が環境負荷をもたらすものである限り，公的機関も経済界も投資決定を従来以上に批判的に審査すべきことが主張され，専門家委員会の設置，環境統計の整備（環境統計法の提案），環境情報の活用等の必要性が指摘された。この環境行動計画

---

42) UGB-KomE, 454.
43) BT-Drs. VI/2710, 9.

は,「予防原則」の概念は用いていないものの, ドイツ環境政策において予防原則を意識した最初の政策文書とされる。その理念を具体化した1976年環境報告書（BT-Drs. 7/5684）は,「環境政策は緊急の危険の防止と発生した損害の除去に尽きるものではない」との認識を示したうえで, 自然の基盤の利用に際しては予防的見地に立った環境政策が求められ, ①人の健康と息災を確保し, ②自然の給付能力を維持し, ③文明の進歩と国民経済の生産性を長期的に確保し, ④文化財, 経済財に対する損害を回避し, ⑤自然, 動植物の多様性を保護するためには,「予防原則」の導入が前提条件となるとする。これら二つの文書に示された環境政策理念は, 環境保全の重要性, 環境政策決定上の視点をヒトの健康保護から環境保全へ, 現在の影響の防止から将来世代に対する影響の配慮へ, 危険予防からリスク配慮へと拡大すべきこと, そして, 政策手法として将来予測と計画的手法および計画策定と履行の監視を可能とする統計情報の系統的収集システムの重要性を強調する点に主眼があり, これを予防原則という概念で表現したものと理解できる。[44]

ⅱ　1986年ガイドライン（「有害物質の発生抑制および段階的削減による環境配慮のための連邦政府ガイドライン」（BT-Drs. 10/6028））

1984年連邦衆議院決議[45]において連邦衆議院は, 自然の生命の基盤を持続的な侵害と損害から保護することは将来世代に対する責任であるとの認識を基礎とし, 合理的な環境政策に優先序列を与え, 危険にさらされた程度に応じて環境政策措置を重点的に着手し, 予防原則にしたがって, 環境に対する損害を可能な限り未然に回避すべきで, 事前配慮の観点からは, 包括的な研究, 特に, 因果関係に関する研究の積み重ねによって, 健康と環境に対する危険を早期に探究し, 森林枯渇のような場合には, 未だ確実な知見が存在し

---

44)　環境に対する配慮は1971年連邦イミッシオン防止法案上の施設規制における配慮義務規定に具体化され, 計画策定は1972年行動計画によって, 統計情報収集システムは1980年環境統計法によって実現された。

45)　BT-Drs. 10/870; Plenarprotokoll 10/53. CDU/CSU と FDP の提案（BT-Drs. 10/383）に基づいて行われた。

ない場合にも行動を起こすことが求められるとし，連邦政府に対して，人為的に大気，水域，土壌の環境媒体に対する，自然循環の再生能力を持続的に損傷，破壊するおそれがある全物質の排出を，段階的かつ大幅に低減するための総合的コンセプトの構築を求めた。

この政策文書は右連邦衆議院決議にこたえて，環境配慮原則（Prinzip der Umweltvorsorge）を環境政策上の行動準則と理解し，予防概念を，①危険防御，即ち，環境上の具体的危険の防止，②リスク配慮，即ち，危険防御前における環境に対するリスクの回避・低減，③将来配慮，即ち，将来予見される環境の形成，特に，自然の生命の基盤の保護と発展に資する全ての行為を含む広義の原則ととらえる。危険防御が発生の蓋然性が充分に高く，かつ，緊迫する損害を未然に防止する点に重点を置くに対して，リスク配慮は，危険防御の前段階で，生じるおそれがある損害の種類と範囲，損害発生の蓋然性に応じて，危険と判断する根拠がない場合またはリスクを現時点では正確に査定できない場合にも，リスクを回避，低減，最小化を追求するため，環境媒体に対する人為的排出の大幅削減を目指す。一方，将来配慮は，環境配慮が我々の自然の生命基盤を保全，進展させると同時に，将来世代に発展の可能性を引き継ぐような生活様式を構築する必要があるとの認識を前提とし，将来を予見して我々の環境を前向きに創造することを目指すには，製品の製造，使用，処理段階の排出のコントロールだけでなく，製造工程や製品を環境適合型に変革する配慮を求める。そして，これらの環境配慮の各構成要素は常に峻別可能とは限らないし，場合によって輻輳し合うこともあり得る（図Ⅲ-1参照）。

iii　その後

右1986年ガイドラインに示された考え方は，その後1990年環境報告書（BT-Drs. 11/7168）においても確認されている。即ち，右報告書も予防原則について以下のように述べる。環境に対する責任を果たすうえでは予防的な環境政策を講ずることが求められ，予防は，広義には，危険配慮，リスク配慮，将来配慮の三つの構成要素を持つ。危険配慮は損害発生の蓋然性が充分

図Ⅲ-1　ドイツ環境法上の予防原則（概念図１）

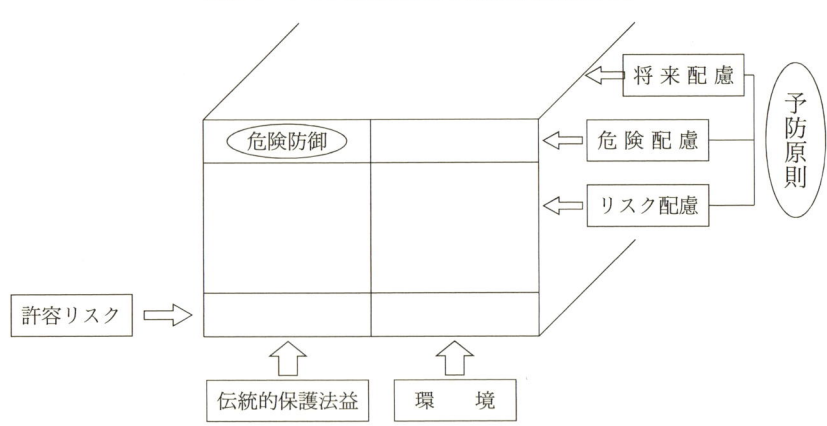

```
                      ┌──── 将 来 配 慮 ┐
  ┌─────────┬─────┐                      │ 予
  │ 危険防御  │     │ ←── 危 険 配 慮 ─┤ 防
  │           │     │                      │ 原
  │           │     │ ←── リスク配慮 ─┘ 則
  ├─────────┼─────┤
  │           │     │
  │ 許容リスク│     │
  └─────────┴─────┘
         ↑         ↑
    伝統的保護法益  環　境
```

な場合における事前配慮をいう。しかし，危険配慮が環境政策の重要な構成部分の一つであることに変わりがないが，これにとどまらず，科学的知見の進歩および技術の発展に応じた人と環境に対するリスクを可能な限り小さくする必要があるし，危険を疑うにつき合理的な根拠がある場合にも，環境政策決定に際してリスク配慮が求められ，因果関係が科学的かつ最終的に解明されるまで待つことは許されない。このことは科学的解明を断念することを意味しないことは無論であるが，連邦政府はリスク配慮の観点から技術水準にしたがった排出削減を必要と考える。将来配慮としての環境政策は，新しい環境適合型技術の発達を後押しし，環境に適合した形での新たな成長の可能性を提示する。環境配慮の目的は自然の生命の基盤を保全し，発展させること生態学的な意味での世代間契約を確保し，創造することにある。

　この考え方は，その後も，気候変動枠組条約第１回国別報告書（BT-Drs. 12/8541）等に踏襲されており，少なくとも政策的には，予防原則が確立したと評価できよう。[46]

---

46)　BT-Drs. 13/7054, 6.

(c) 判　　例

　初期段階では，予防原則を基調とする立法およびこれに基づく施設許認可と営業活動の自由等基本法上保障された権利との調整が，原子力発電施設あるいは空港騒音との関連で，住民サイドから施設設置・操業関連の規制不足を主張し（第1類型），あるいは施設設置者から過重規制（規制権限不存在）を主張する形（第2類型）で争われた。連邦憲法裁判所は，保護義務の内容は危険の種類，緊急度と憲法上の保護法益の種類，序列によって決まるとする考え方を基本として，国家の環境保全規制が基本法違反とされる危険を可能な限り抑制する方向を示唆した（UGB-AT, 140 (1990)）。

　第1類型の事案として，原発施設設置の部分認可取消訴訟に関する Kalkar 事件（BVerfGE, 49, 89）では，原子力法7条が基本法または基本法秩序から派生する保護義務に違反しないとしたが，理由の中で，「立法者は，保護義務に配慮して，技術的施設とその操業の許認可によって発生するおそれがある基本権に対する危険を絶対的な確実性をもって除去する規制を求められる」とし，原子力法7条2項3号の規定は施設の設置，操業による損害に対して科学，技術の水準に照らして必要とされる配慮を要求しており，配慮，損害，危険，リスクの解釈がどうであれ，憲法の観点からは，基本法違反とされる損害をもたらす場合には認可を与えない趣旨であるから，立法者が保護義務を果たしたとするには，核エネルギーの安全利用に際して重大な危険が発生する蓋然性が小さいことが必要であると判示し，同じく原発設置部分認可に関する Mulheim-Karlich 事件（BVerfGE, 53, 30）でも，「基本法は国家の干渉行為に対する主観的な防御権を認めるだけでなく，保護法益を違法な干渉行為から守る国家機関の義務も派生するが，この義務は，核エネルギーの安全利用に際して発生するおそれがある危険の種類と重度に対して，その発生の蓋然性を充分小さくする形で履行されなければならない。従前の認可による原子力エネルギーの経済的利用および認可付与について実体法上および手続法上の条件を定めたのはこの国家の保護義務に由来するものであり，この認可規制は危険にさらされた第三者を保護する手段として相当であ

る。同時に，国家としては，一方で危険にさらされる市民の基本権を，他方で設置者の権利を公共の利益に配慮して調整することができる。原子力法は，施設の設置，操業による損害に対して科学と技術の水準にしたがって必要とされる配慮を講じた場合に限って認可を付与する旨規定し（7条2項），これに制限を加えあるいは条件を付すことができると規定するが（17条），両者を総合すると，原子力法は認可官庁に可能な限り最善の未然予防とリスク配慮の原則を求める趣旨を定めたものと解される」と述べた（ほかに，航空機騒音事件に関する BVerfGE, 56, 54）。また連邦行政裁判所も，原発施設設置部分認可に関する Wyhl 事件判決（BVerwGE, 72, 300）で，原審が損害に対する配慮を古典的な警察法規上の意味での危険未然予防ととらえ，何を危険と見るかにつき認可管轄官庁に裁量の余地はないとする点を疑問とし，原子力法の目的（1条）に照らすと，危険の未然防止のほか，損害に対する配慮を求められ，認可官庁は裁量権（7条2項）を行使して，危険のほかリスクに対する配慮を求めることも可能であり，損害の可能性が考えられる場合には，その時点における科学的知見によれば一定の原因関係が肯定も否定もできないという理由で排除することはできず，危険の疑いまたは潜在的懸念があるというべきであると判示し，1986年ガイドラインの基礎となった。

一方，第2類型の火力発電所認可事件（OVG Berlin, 17.7.1978, DVBl 1979, 159）では，二酸化硫黄総排出量を950mg/m³ に制限した州の規制権限の有無があるかが争われ，判決は，技術の進歩と自然の生命の基盤に対する危険を考えると，排出制限が許されるのは，有害な影響が発生し，またはこれが直接予見される場合に限らず，その発生を適切な時期に予防すべき場合を含むとし，現在の連邦イミッシオン防止法5条1項2号を根拠として予防義務の観点からより高度の数値を課すことが許されるとした。

(d) 学　説
ⅰ　危険配慮，リスク配慮，将来配慮

ガイドラインに示された予防原則の考え方は，その後の環境法学において基本的には支持を得ている。例えば，Hoppe らは予防原則の内容をリスク

ないし危険配慮と資源配慮とするが[47]，前者は未だ危険に到らない状態，危険発生の蓋然性が低い状態から単に危険が疑われるだけの状態，それ自体は危険性を有しないが，総体として有害であり，技術的に回避可能な状態を含むとし，後者を環境資源の将来における利用を確保するものととらえ，資源配慮を含むから，本質的には，ガイドラインと差がない。

　ⅱ　予防原則減縮論

　予防原則の射程は極めて広いが，これを減縮する考え方として，①危険防御領域（伝統的保護法益に対する前記第1類型のリスク領域）を危険防御原則（ないし保護原則）として独立させる考え方，②持続的発展の考え方を環境法固有の原則として位置づけるために，予防原則との作用領域の重なり合いを，予防原則の作用領域を減縮することによって解消し，持続性原則（ないし持続的発展原則）の作用領域の創出を目指す考え方が見られる。

　ⅰ）　危険防御原則

　ア．予防原則の射程範囲のうち危険（伝統的保護法益に対する損害発生の蓋然性が充分に高い領域）に対する事前配慮領域を危険防御原則（Gefahrenabwehrprinzip）ないし保護原則（Schutzprinzip）として独立させる有力説がある。例えば，Murswiek は保護原則を損害発生抑制原則（Schadensvermeidungsprinzip）と危険防御原則を包含するものととらえ，予防原則と持続性原則と併存させる[48]。但し，伝統的保護法益に対する一般警察法上の危険を対象とする説（第1説）[49]と環境に対する危険を含めて対象とする説（第2説）の2説を区別しなければならない。第2説として，2009年環境法典2008年5月20日草案（RefE-2009）は，「人または環境に対する危険を防御すべきこと（危険防御原則）」との規定を予定した（1編1条2項1号）。

　危険防御原則と予防原則を峻別する考え方は，環境管理に関する国家側の義務的領域と権限的領域を区別する意味で魅力的である。即ち，危険配慮，

---

47)　Hoppe/Beckmann/Kauch, 166 ff.
48)　Murswiek-16, 420 ff.
49)　Schwartenmann, 14; Peters-2, 8; Murswiek-16, 420 ff.

リスク配慮，将来配慮を含む意味での予防原則の作用領域のうち，危険防御領域は国家の基本権保護義務の射程に属するが，その他の領域は国家にとって裁量的権限領域である。それ故，危険防御を予防原則から独立させることによって，覊束的領域と裁量的領域の区別を明確にすることができる。理論的にも，危険防御は一般警察法から導かれるドイツ法の全領域に妥当し，環境法固有の領域ではない。また，環境法における適用が他の法分野と比較して拡大も，縮小もされない。それ故，危険防御をことさらに環境法の原則と位置づけるべき必然性も，予防原則内部に位置づけるべき必然性もない。反面で，基本権保護義務論もドイツ法に一般的考え方で，環境法に固有の考え方ではないから，基本権保護義務の成立要件もその範囲も環境法に固有のものはない。しかし，この考え方には問題点もある。

　前記第1説によれば，損害発生の蓋然性が充分な場合のうち，損害が伝統的保護法益にかかわる場合には危険防御原則，環境にかかわる場合には予防原則に服することになり，特に，特定人の権利に属する財産権に付帯する環境価値に対する損害（前記広義の環境損害から狭義のそれを除く部分）は，物的価値部分は危険防御原則，環境価値部分は予防原則に別れることになる。さらに，伝統的保護法益にかかわる場合にも，損害発生の蓋然性が充分か否か，換言すれば危険防御領域か（狭義の）リスク配慮領域かは連続的で，いずれも環境管理水準決定にかかわるし，充分性の決定に求められる蓋然性の程度は予測される損害の重大性に配慮してJe destoの公式にしたがう。それ故，環境管理水準決定原則としては一体的にとらえる方が現実的であろう。

　他方，第2説は予防原則の内容に混乱を招く。第1に，一般警察法から導かれる危険概念とは異なる，環境法独自の危険概念を創出することになる。即ち，前記の如く，危険防御の適用領域は環境法に限らず，その概念は一般警察法から導かれ，危険は近隣または公衆に対する損害発生の緊迫性をいうから，環境に対する損害発生のおそれを含まない。第2に，基本権保護義務論も環境法に限定されず，市民は公共財としての環境に対する権利を有しない。基本法上の環境保護に関する国家目標規定（20条a）も市民に環境に関

する請求権を付与しない（通説[50]）。それ故，第2説における危険防御原則は羈束的領域と裁量的領域の両者を含むことになるから，両者を区分する実質的な意味は認めることができない。

イ．我が国では，危険防御の概念が希薄であること，それ故，危険防御対象保護法益に環境を含むか否かについては概念上の問題は生じないこと，基本的人権保護義務論については消極説が通説とされる点でドイツとは異なること等の事情があるが，第1類型のリスク領域では，国家の立法または行政上の不作為が国家賠償責任を生じるような損害が発生する蓋然性が充分に高い場合に，損害発生の未然防止に向けた国家の事前配慮義務を導く余地があることは前記のとおりであるから，羈束的領域と裁量的領域の区別を明確にすることの重要性は我が国でも妥当する。

ウ．このように，危険防御原則と予防原則の2分説は利点と問題点を含むが，我が国では，ドイツ法との事情の違いを考慮すると，羈束的領域と裁量的領域の区別を明確化するという2分説の最大の利点は，危険防御と（狭義の）リスク配慮の両者を予防原則の内部に位置づけ，予防原則の羈束的領域と裁量的領域の存在を認識すれば足るのではないかと考える。それ故，本稿では，従来のドイツ学説にならい，危険防御領域は予防原則に含め，環境管理水準決定原則を一体的にとらえる理解にしたがう。

ⅱ）持続的発展原則の作用領域創出論

持続的発展の考え方は，後記のように，これを伝統的3原則とならぶ環境法上の固有の原則（持続的発展原則ないし持続性原則）と位置づける学説がみられる。しかし，この二つの原則はともに環境管理水準決定の場で機能し，かつ，その作用領域の重なりが大きいために，予防原則の射程範囲を狭めることによって持続的発展原則の固有の作用領域を創出し，結果として固有の原則と位置づける試みが模索されている。

このような試みを Rehbinder は以下のとおり整理する[51]。

---

50) 拙稿「環境法における国家の基本権保護と環境配慮(3)」163頁以下。

ア．予防原則をリスク配慮に限定する方法[52]

　この方法によれば自然資源領域では持続性原則が指導的役割を持ち得る。しかし，予防原則の側では問題が多いし[53]，作用領域の重なり合いが完全になくなるわけではない。

イ．予防原則を伝統的保護法益領域に限定する方法

　保護法益による境界分け（予防原則は伝統的保護法益，持続性は環境財）は簡明であるが，現実にはこのような線引きはおおよそ不可能であろう。不可能とする理由について，Rehbinder は気候変動防止の例を挙げるが[54]，それ以外でも，環境媒体負荷起因の伝統的保護法益の損害に対する配慮の例では，環境媒体の負荷は，一方で伝統的保護法益に対する損害の媒体であると同時に，他方で環境財に対する負荷でもある。Murswiek は保護原則を個人の伝統的保護法益保護のための最低基準，持続性原則を環境財としての自然資源保護のための最低基準を画するものと理解したうえで，予防原則を保護原則の補完的原則（Komplementärprinzip）ととらえるとともに[55]，個人の保護法益全体に関するリスク配慮によって保護原則を補完し，資源配慮によって持続性原則を補完するという[56]。この考え方は資源配慮を予防原則に含める点で，必ずしも予防原則を伝統的保護法益領域に限定することにはならないが，現実の環境管理水準決定は伝統的保護法益と環境財を含めた損害発生の蓋然性を全体として考慮して決定されるから，保護原則・予防原則峻別論について考察したように，環境管理水準決定原則としては一体的にとらえる方が現実的ではないかと考える。

　iii）小　　括

　以上のことから，持続的発展の考え方を環境法上の固有の原則と位置づけ

---

51)　Rehbinder-15, 167.
52)　Kahl-2, 138.
53)　Kahl-2, 133; Wahl/Appel, 61 f. u. 147 ff.
54)　Rehbinder-15, 167.
55)　Murswiek-8, 437.
56)　Murswiek-8, 441.

るための予防原則減縮論は，原則の拡散と予防原則の変形を招くと考えざるをえない。むしろ，後記のとおり，持続的発展の考え方を予防原則の一つの視点の強調の仕方ととらえれば足ると考える。

　c　我が国の環境法

　公害対策基本法時代の環境法（性格には公害法）体系は事前配慮の意味での未然防止の考え方を規定したが，予防原則でいう予防を区別しなかった。それ故，未然防止概念は予防原則の領域を明確に排除する意味ではないが，明確に予防原則を認識していたわけでもない。環境法における予防原則は伝統的保護法益と保護法益としての環境を対象とするから，伝統的保護法益領域限定の予防原則も観念し得ないではないが（公害法の予防原則），環境法の原則としての予防原則としては変則というべきであろう。現在では，化学物質製造・輸入段階のリスク管理，遺伝子組み換え生物関連のリスク管理の領域，あるいは健康リスクに限定されるが，土壌汚染対策法等において予防原則の発現例がある。

(2)　考　　察

　我が国では予防原則を科学的不確実性を強調することによって説明する例が多いが[57]，その射程範囲，環境法上の行動準則としての機能等に関する具体的分析は必ずしも多くない。

　予防原則における Vorsorge は Nachsorge（事後配慮）の対立概念で，事前配慮を本質とするが，単に配慮の事前性だけを意味するわけではなく，高い水準の環境管理を本質とする。それ故，高い保護水準律は予防原則の最も本質的な要素と考えられる。その意味で，予防原則は環境管理水準決定に際しての行動準則（環境管理水準決定原則）と理解される。

　予防原則の定義に関する我が国の学説は「科学的確実性が完全とはいえないこと」（アジェンダ21の第15原則）に焦点を当てるが，環境管理上の国家の

---

57)　大塚「環境法の基本理念・基本原則」5頁以下；柳「予防原則」43頁以下；奥「予防原則を踏まえた化学物質とリスク・コミュニケーション」36頁以下。

意思決定は，程度の差はあれ，科学的不確実性の領域の問題であるのが通例である。例えば，戦略・政策目標として健康リスクとして発がんリスク$10^{-\alpha}$を設定し，物質βにかかわる環境基準γを定める場合あるいはＡ施設の物質β排出基準δを定める例では，一方で環境基準γあるいは排出基準δが発がんリスク$10^{-\alpha}$の目標が環境基準γ，排出基準δによって確保できるか，他方で発がんリスク$10^{-\alpha}$の目標を達成するためには環境基準γあるいは排出基準δでなければならないかの問題は表裏の関係にあるが，この二つの問題は例外なく不確実性の領域にある。ドイツ環境法における予防原則の定義はその不確実性の程度に焦点を当てる。

　このような予防原則の理解は我が国でも妥当すると考える。即ち，保護法益として伝統的保護法益と環境（全体としての環境（Umwelt insgesamt））の両方をとらえることを前提として，環境管理に際して，一方で前記第１類型のリスク（損害発生の蓋然性が充分高い場合）に限らず，第２類型のリスク（損害発生の蓋然性が充分高いとはいえない場合）に配慮し，他方で損害発生の蓋然性が切迫している場合に限らず，将来世代を含めた保護法益に対するリスクを含めて配慮すること（将来配慮）をいい（図Ⅲ-2参照），将来配慮は資源配慮を含む。このような２類型のリスク配慮と将来配慮は，環境管理の局面では環境の管理水準決定の場で国家の行動準則として機能する。

図Ⅲ-2　予防原則（概念図２）

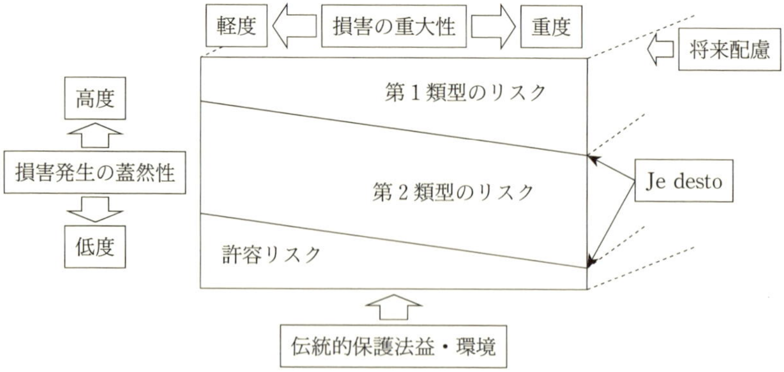

(3) 周辺原則

a　ALARA・最新化原則

　ALARA 原則（grootst mogelijke bescherming-beginsel; As Low As Reasonably Achievable-beginsel）はオランダ法に定着した原則で，高い水準の環境の質を確保することを目指す機能をもつ。「高い水準の環境の質」が具体的のどの水準を指すかは一義的に決することは難しいが，施設認可に付されたALARA 技術によって具体化される。イギリスの「過大なコストを伴わない最善技術」（BATNEEC: Best Available Technique Not Entailing Excessive Cost），EU の最善技術（BAT: Best Available Technique）あるいはドイツの技術水準（Stand der Technik）の考え方と軌を一にし，経済性，即ち，費用対効果との観点から効果に対して過大な費用を要しないことを内包する（オランダ環境管理法8.11条 3 項但書は「合理的にみてこれを求めることができない場合を除く」と規定する）。我が国でも「判断の基準となるべき事項」規定（例えば，エネルギーの使用の合理化に関する法律における所謂トップランナー方式（78条 2 項））がこれに類する。オランダ法上の ALARA 原則は元々はEU 放射線暴露指令イギリス原案に示された概念とされ[58]，当初は原子力部門で適用されたが，その後環境管理全体に一般化されてオランダ環境管理法に規定され（同法8.11条 3 項），最新化原則と一体となって施設認可制度と深く結びついている。即ち，環境負荷を伴う一定の施設の設置，改築および操業は認可制とされ（環境管理法8.1条），環境保全上必要であれば認可を付与しないことができ（8.10条 1 項），認可を付与する場合にも，有効期間，条件その他の規制を付すことができる。認可申請に関する審査に際しては，環境負荷に関する規制基準（排出限界値）あるいは指針値の遵守のほか，環境政策計画との適合性等に配慮するとともに（8.8条 2 項 a 号），施設が環境に及ぼすおそれがある悪影響を未然防止し，または，未然防止できない場合は，可

58）　van Gestel, R., et. al., 56.

能な限りこれを制限することによる環境保全の可能性に配慮しなければならないこととされている（同条1項e号）。この判断基準は一義的に決し得るわけではないが，「認可に付された条件では環境に対する悪影響を避けることができない場合には，合理的にみてこれを求めることができない場合を除き，認可にその影響から最大限に環境を保護するために必要と認められる追加条件を付す」こととし，不合理と認められない限り，最善の環境保全措置を認可条件とすることができると規定することによって（8.11条3項），ALARA原則を規定したものと解されている。[59]

　ALARA原則の適用は，①第1に，認可条件によって環境に対する悪影響を未然防止する可能性を検討し，②第2に，その可能性が認められない場合には，最大限の可能な保護を図るために，現存の最善技術または利用可能な最善技術を適用し，③第3に，合理性の判断を行い，その技術の適用が合理的とはいえない場合には，最低条件として適用可能または導入可能な最善技術で足るとする3段階評価を経由する。具体的事例のおけるALARA技術が何であるかは必ずしも明白ではなく，その時点における技術水準を踏まえた裁量にしたがう。統合的環境管理制度のもとで，実体的に最善技術の導入を求め，手続的に施設設置操業の認可制度によってこれを担保する法システムが，このような原則の具体的適用を可能とする。

　最新化原則（Actualiseringsbeginsel）は技術の進歩による導入済最善技術の陳腐化を防ぐ機能をもつ。オランダ環境管理法は，認可の有効期間設定あるいは認可に付された制限・条件の定期的見直し（同法8.22条）を規定しており，認可の取消・条件等の変更に伴う認可保有者の損害の補償制度と合わせて，最新のALARA技術を認可制度に結びつけることが可能である。

　Rehbinderが指摘するように，予防原則はリスクの最小化を求め，ALARA原則は厳しい排出・製品基準への適合を求めるが，ALARA・最新[60]

---

59) van. Gestel, et. al., 56; Jongma, 167.
60) Rehbinder-6, 95.

化原則も高い水準での環境質管理を目的とするから，機能面，作用領域面ともに予防原則と重なり合うと考えられる。

b その他の原則

学説が挙げるその他の原則のうち，統合原則と持続的発展原則（持続性原則）については，後記のとおり，予防原則との関係において，機能と作用領域に固有性を認めることが困難で，強調の仕方こそ異なるが，本質的には予防原則に含まれると考える。

2 原因者負担原則（Verursacherprinzip）

(1) はじめに

原因者負担原則は，環境保全に向けた措置の帰責を具体化する主位的準則として機能する。事前配慮（発生抑制・最小化等），事後配慮（原状回復・代償措置等および費用負担）の両面で機能するが，可能な限り事前配慮が予防原則に適う。事前配慮領域における原因者負担原則を具体化することによって，結果的に環境負荷の発生抑制ないし最小化を誘導し，また，事後配慮領域の原因者負担原則の強化，徹底によって原因者による事前配慮の質を高めることができる。

原因者負担原則の対象となる保護法益は伝統的保護法益のほか，環境を含む。それ故，環境損害に対する事前配慮と事後配慮の領域でも，原因者に対する帰責を制度化する根拠となる。

しかし，環境法における帰責原則は原因者負担原則が唯一ではなく，被害者負担原則（Geschädigtenprinzip）を対立概念とする。即ち，原因者の不存在，不明，支払不能等の理由で，法律上または事実上，原因者に帰責できない場合には，被害者負担原則によらざるをえない場面が生じる。しかし，被害者負担原則では被害者に過酷な結果を強いるケースもあり，このような場合の補完的原則としてその他の者に対する帰責の原則または公的負担原則が機能する。

(2) 原因者負担原則の内容

a 原因者負担原則と汚染者支払原則

　原因者負担原則はドイツ環境法上の概念で，汚染者支払原則と区別される。

　汚染者支払原則（Polluter Pays Principle: PPP）[61]は，フランス法に由来し，OECD勧告[62]を経てEU法に導入され，現在ではEU条約に明記されているほか，アジェンダ21でも第16原則「国家機関は，汚染に起因する費用を原則として汚染者に負担させる措置に配慮し，かつ，適切な形で公益に配慮し，国際的な貿易と投資に歪みを与えることなく，環境費用の内部化と経済的手法の利用促進に努める」に採用されている。OECDは1974年の「汚染者支払原則の実施に関する理事会勧告」において，この原則を加盟国の公的機関により実施さるべき汚染防止費用と管理措置費用の配分に関する基本原則と位置づけ，これを汚染者が汚染防止と管理のための措置の実施費用を負担すること，換言すれば，これらの措置費用を生産・消費に際して汚染を発生させる商品・サービスの費用として内部化すべきことを意味するものとしたが，OECDの性格上，国際競争における競争条件の等質化を図る趣旨を併せ含み，初期段階ではこのような制限された意味にとどまった。その後，この原則が事前配慮領域に限定されるのか，または併せて事後配慮に及ぶかの議論を生じたが，現在では広義に理解する方向にある。Backes[63]ら[64]が汚染者支払原則を「本質的には，汚染者はその者に起因する汚染の発生および／ま

---

61) McLoughlin, J. et. al., 145, 環境庁企画調整局「汚染者負担原則（PPP）について」，鶴田ほか『『汚染者負担原則』の法過程的分析」134頁参照。

62) OECD Recommendation of the Council on Guiding Principles Concerning International Economic Aspects of Environmental Policies (C.7292128).

63) Hoitink, 30 ff. Hoitinkは，汚染者支払原則の処理が喚起された例として，道路騒音防止措置費用負担の例を挙げる（28.07.1999 Volskrant紙）。A-1ルート沿いの住宅地域における騒音障害低減を目的とする措置の費用について，地元自治体は汚染者支払原則の論理的帰結として国家水利省の負担を主張したのに対し，国家水利省は，道路建設による受益者負担の見地から，国家水利省，州および市町村の分担を主張した事例で，Hoitinkは通行料徴収等の方法で道路利用者，即ち，自動車運転者に転嫁

たは防止の費用に対して責任を負うという以上のものではない」とするように，学説はこの原則に経済学上の意味を付与するにとどまる傾向にある。現に，OECD 自体も，初期段階ではこの原則を経済原則ととらえた。この意味では，この原則は，第1に，政府は，原則として，汚染者による汚染防止措置費用に対する財政支援を封じられること，第2に，環境課税と環境課徴金を根拠づけること，浄化措置費用償還と厳格責任制度を可能とすること等の点で機能する。汚染者支払原則を法原則と評価できるかについては，Hoitink が消極に解し，Meijer Drees は，規範は法律に根拠づけられるかまたは社会で一般的に認知されなければならないとし，汚染者支払原則は，高々「望ましい環境政策についての方向指示器」に過ぎず，規範または標準とは評価できないとするなど，消極説（政策原則説）が多数である。

これに対して，ドイツ環境法上の原因者負担原則は，初期段階ではいわゆる Pigou 税の考え方に由来するとされ，経済学上の費用負担概念ととらえられたから，汚染者支払原則と質的に差はなかった。環境法政策の場でも，1971年の環境行動計画において，「何人も環境に負荷を課しまたは損害を与えた場合には，その負荷または加害の費用を補償すべきである」とされ，費用負担責任の問題ととらえたが，この時点で，既に，原状回復，損害賠償が視野にいれられていた。しかし，1973年に Rehbinder は，この原則が単なる費用負担原則にとどまるものか，あるいは実体的責任を伴う原則かとの問題を提起し，「原因者は，環境保全に対して事実上および財政上の責任を負い，これを環境負荷の部分的な発生抑制，除去または財政的な保障によって

することが妥当という。
64) Backes, 36.
65) Backes, 36; Teesing/Vylenburg/Nijenhuis, 16, 195.
66) Drees, F.M., BR 1977, 1011.
67) Frenz-1, 31. EU レベルでは PPP を費用負担原則ととらえるのが一般的とされるが（Burgi, 11），そこでの費用は金銭給付義務に限らず，作為・不作為に起因する費用を含むとされ，この理解によれば実体的責任にも及ぶことになる（Delfts, 323）。
68) Kloepfer-11, 189 f.; Frenz-1, 39.
69) 例えば，BT-Drs. VI/2710, 10. 同旨のものとして，BT-Drs. 10/6028, 12. 8.

実施しなければならない」とし，単なる費用負担責任を超えて，直接的行為規制を伴う，「環境負荷をもたらしてはならない原則」（Nichtverursacherprinzip）を含むものと位置づけ，現在の通説の基礎を築いた。Kloepfer も，重合的・複合的な原因関係あるいは生態系，景観等に対する影響等の問題に対応するには，財政上の責任だけでなく事実上の責任を伴う必要があるとし，環境負荷の発生抑制，除去および保障に関する事実上・財政上の責任で，発現形式としては事後的費用支払いないし課徴金負担義務にとどまらず，禁止，負担設定，私法上の作為・不作為請求権を含み，発生抑制を優先し，二次的に事実上・財政上の環境負荷の発生抑制と除去に関する負担配分問題を生じるという。連邦政府も，1976年環境報告書（BT-Drs. VI/5684, 8）において，環境負荷の発生抑制，除去または補償の費用を原因者に負担させる場合に国民経済の観点からみた自然財利用の最適化が図られるとしたうえで，「原因者負担原則を実施するための重要な政策手法は，原因者がもたらした環境負荷を自らの資金によって低減させる，工程・製品規格，命令，禁止および個別命令ならびに課徴金規制である」とした。このような経過を経て，この原則は，環境侵害の予防および発生した結果（環境侵害）の除去を原因者に対して義務づけることを内容とし，単なる費用負担原則であるにとどまらず，直接的行為管理手段でもあり，換言すれば，事実上および資金負担上の責任であるとする理解が一般的となり，このような理解を基礎とすれば，費用負担責任は実施義務の必然的帰結とみることが可能である。

　環境法典草案を概観すると，1990年環境法典草案理由書は，原因者が負担すべき責任の類型として，①一次費用（環境侵害の発生抑制，除去または補償のための措置に要する費用と行政強制，特に，代執行による費用），②残存環境負荷に対する財政的補償（公的課徴金徴収による），③環境財に相当する価値の損害補償（公的課徴金徴収による）を挙げる。1997年草案（UGB-KomE）

---

70)　E.Rehbinder-1, 36.
71)　Bender/Sparwasser/Engel, 34; Sanden-2, 69.
72)　Kloepfer, 177; Frenz, 39; Hoppe/Beckmann/Kauch, 45.

は，原因者負担原則について「(1)環境または人に対して重大な悪影響，危険またはリスクをもたらす者は，これについて責任を負う。(2)環境または人に対する重大な悪影響または危険が物の状態に起因する場合には，所有者および占有者もこれについて責任を負う。(3)第1項または第2項による責任者が存在せず，確定できず，適切な時期に確定できずまたは本法典の規定によって責任を負わずもしくは責任を制限される場合には，公共が責任を負う；償還請求の可能性はこれを妨げない」の規定を予定した（6条）。2009年草案（2008年5月20日草案）も，前記の如く，原因者負担原則を「人または環境に対する危険またはリスクをもたらす者はこれに対して責任を負うべきこと」の規定を予定した（1編1条2項1号）。

　原因者負担原則自体は法的拘束力をもたず，あくまで政策的な帰責の原則にすぎず[74]，この原則から直ちに原因者の具体的義務が発生するわけではなく，具体的義務の要件事実と責任範囲は法令の規定によって定める[75]。この意味で，この原則は，立法者に対する行動準則として機能するにとどまる。即ち，この原則は，「環境負荷をもたらしてはならない原則」から派生する原則で，環境負荷の発生抑制，除去および保障に関する事実上および財政上の責任であり，これを実現するための措置としては事後的費用支払いないし課徴金負担義務にとどまらず，禁止，負担設定，さらには私法上の作為・不作為請求権までもが含まれる。あくまで発生抑制が優先で，二次的に事実上・財政上の環境負荷の発生抑制と除去に関する負担配分の問題を生じる。この原則の根拠は，経済学と警察法規[76]の双方に求められ，経済学的・合目的性，規範的社会倫理性（負担と配分の公平性），環境政策上の機能，規範法的正当

---

73)　UGB-ProfE-AT, 15.
74)　Frenz は，原因者負担原則が，元々は経済学上の教義である故に法的拘束力を持ち得ないと説明する（Frenz-1, 29）。
75)　Hoppe/Beckmann/Kauch, 44. 但し，Peters-2, 12 は，具体的規定が存在しない場合には，警察法規上の一般原則の適用があるというが，これも州法上定められた要件と責任範囲において妥当すると解すべきである。
76)　UGB-KomE, 456.

性（警察法規上の違反責任）に意義を認め得る[77]。

　汚染者支払原則と原因者負担原則との関係については，Tonnaerらは，オランダ環境法の原則として，EU条約上の汚染者支払原則と原因者負担原則の双方を挙げ，前者を後者のうち費用負担に特化したものと評価するが[78]，OECDの汚染者支払原則自体が，その後，法的責任を含む概念に拡大されている。

b　法的根拠

　原因者負担原則は，国等の立法または行政上の意思決定に際して，事前配慮措置または事後配慮措置の実施に関する責任，あるいはその措置費用負担責任を原因者に帰属せしめる考え方であり，法的には正義・公平に根拠を置き，市場原理に適合した管理機能をもつとともに，規範的社会倫理性（負担と配分の公平性），環境政策上の機能を認めることができる[79]。この原則はこれらの義務の一次負担に関するから，原因者が最終的負担を消費者，労働者，取引先，株主その他の者に転嫁し，あるいは利益減少に伴う納税額低下によって国民全体に転嫁することを封ずるものではない。

　原因者負担原則は正義を根拠とするから，これを理由とする特定の者に対する具体的義務づけにはその者が原因者である事実の証明が求められる。事前配慮領域での帰責については，環境負荷または損害が未発生の段階であるから，現実の原因者のほか，潜在的原因者を含む[80]。他方，事後配慮領域では，特定の者が原因者であることについて争いがある場合には，特段の規定がなければ，その者に対して義務を課す公権力の側に証明責任があると解される。この場合の証明の程度については，損害賠償請求における因果関係の証明と同じく，高度の蓋然性基準を要し，かつ，これで足ると解すべきであろう（下級審判例として，東京地判平18・2・9未登載）。原因行為の教唆，幇

---

77)　Kloepfer-11, 190.
78)　Tonnaer, et. al., 90.
79)　Waechter-2, 279 ff.; Rehbinder-15, 195; Kloepfer-10, 177 ff.; ders.. 11, 376.
80)　Rehbinder-15, 184; Kloepfer-11, 198; Koch（Hrsg.）, 84.

助者等に対する帰責（廃棄物処理法19条の5，1項4号）も原因者負担原則で説明できる。

c　発現形式

原因者負担原則は，「環境負荷をもたらしてはならない原則」から派生する帰責原則で[81]，一般警察法規上の違反責任の変形概念とされ[82]，措置実施義務と費用負担義務で構成される。それ故，単なる費用負担責任にとどまらず，直接的行為規制を伴う。

(a)　実施義務（Durchführungspflicht）

i　規制基準とその遵守義務

環境負荷の発生を抑制ないし低減することを目的として，一定の施設を設置・操業する者，一定の行為を行う者等に課される規制基準遵守義務は原因者負担原則の典型的な発現形式の一つである。例えば，排出規制（大防法上の排出基準（13条），総量規制基準（13条の2），燃料使用基準（15条，15条の2），一般粉じん発生施設に関する構造・使用・管理基準（18条の3），敷地境界基準（18条の10），作業基準（18条の17）等），方法の規制・制限（土対法上の土地形質変更施行方法規制（9条），廃棄物処理法上の技術基準遵守義務（7条の2，15条の2の2）等），一定の有害物質の含有禁止・制限（EUのRoHS指令4条1項等），一定の行為の禁止（廃棄物処理法上の不法投棄禁止，野焼禁止（16条，16条の2），特定外来生物輸入禁止（生態系被害防止法7条）等）等はこの例で，これに類する規定は数多い。これらの制度は原因者に対して一定の作為，不作為等を法的に義務づけることに主眼があり，費用負担は義務履行の結果として事実上発生するにすぎない。化学物質のリスク管理領域で導入される高リスク物質の低リスク物質への代替を誘導する手法（例えば，EUのREACH規則）もこの類型として説明できる。

---

81)　Rehbinder-1, 36.
82)　UGB-KomE, 456.

ⅱ 措置命令権限とこれにしたがう義務

環境汚染が生じるおそれがある場合またはこれによって被害が発生するおそれがある場合における事前配慮の領域，あるいは，現に環境汚染または被害が発生した場合における事後配慮の領域で，都道府県知事等の公的機関に原因者に対する事前配慮（未然防止等）あるいは事後配慮（原状回復，代償措置等）のための措置を命ずる権限を付与し，これによって原因者の措置義務を具体化する例も原因者負担原則の発現例と位置づけられる。例えば，大防法上のばい煙排出者に対する改善命令権限（14条），水汚法上の地下水質浄化措置命令（14条の3），土対法上の原因者に対する措置の指示・命令（7条1項，4項），廃棄物処理法上の措置命令（19条の4以下），自然公園法上の中止命令等（27条）等はこの例で，これに類する規定も数多い。

(b) 費用負担義務（Finanzierungspflicht）

環境基本法37条はこの場合を想定し，公害防止事業費事業者負担法によって公共事業型で実施された公害防止措置の費用の原因寄与に応じた費用負担義務を具体化しているほか，自然環境保全法37条，自然公園法47条等に例がある。

d 原因者負担原則の徹底

法律上または事実上の理由から原因者負担原則の適用ができない場合が生じ得る。第1は原因者の不存在，不明，支払不能の場合であり，第2は原状回復・代償措置不能の場合である。

(a) 原因者の不存在，不明，支払不能

原因者の不存在，不明，支払不能等の理由で，法律上または事実上，原因者に帰責できない場合における被害者，公的機関あるいはその他の者に対する帰責を可能な限り回避するために，原因者負担原則に基づく責任の履行を確保することが求められる。

原因者不存在，特に，自然起因の環境負荷については，このような措置は一般的な災害防止等の領域に委ねられるが，原因者不明，支払不能の事例を少なくすることは制度的に可能である。

第1は，原因者不明事例を最小化する仕組みで，情報管理（データ・ベース）のシステム化が急務である。例えば，土壌汚染，廃棄物関連情報の管理システム，あるいは特定外来生物飼養方法規制（生態系被害防止法5条5項，同法施行規則8条2号）はこの例である。

　第2は，原因者負担不能事例に対する制度対応（例えば，責任履行担保提供義務，公共事業型環境保全措置に関する費用予納義務，基金等）で，特に，環境負荷を伴う施設関連，製品関連，業関連，行為関連等の各種責任担保提供義務の制度化が有効である。ドイツ環境法の例をみると，施設関連としては，①環境責任法別表2の施設（操業中・操業停止後の原因者負担原則の適用。同法19条），②廃棄物最終処分場（操業停止後の原因者負担原則の適用。循環型経済・廃棄物法32条），③廃棄物中間処理施設（連邦イミッシオン防止法12条1項，17条4項a），④短期操業予定（操業予定期間12ヶ月未満）の廃棄物その他の物質のリサイクル，処分用施設（但し，事故現場，建築現場における中間処理等，発生場所での中間処理用施設を除く。連邦イミッシオン防止法第4施行令1条1項），⑤P-2ないしP-4の遺伝子操作を行う施設（遺伝子工学法36条）等がある。業許認可関連としては，①廃棄物運送業者（循環型経済・廃棄物法49条3項，運送業者令7条2項f），②廃棄物処理専門業者（循環型経済・廃棄物法52条，廃棄物処理専門業者令6条。処理業者団体参加の方式による場合も同様である。処理業者団体指針4条1項3号）がある。また，行為関連としては，①廃棄物越境移動（適法越境移動者の再輸入・適正処理義務の履行確保。旧廃棄物越境移動法7条。越境移動許認可申請に際しては，自らの再輸入・適正処理義務の履行確保を目的とする責任保険付保義務のほか，違法越境移動者の再輸入・適正処理義務の代執行費用にあてる連帯基金拠出義務が課された。この拠出義務についてはEU条約違反とする欧州裁判所の判決（Case C-389/00）と違憲とする連邦憲法裁判所判決（BVerfGE 113, 128）があり，現在は廃止されている）があり，見直しを迫られている），②遺伝子操作生物の開放型利用（遺伝子工学法36条），③所有者責任に関する自主的制度であるが，土壌汚染による危険防御を目的とする保安措置，監視措置（連邦土壌保全法10条1項）等がある。[83]

このような責任履行担保は，公法上の義務履行（代執行費用負担責任）と私法上の損害賠償・費用償還責任履行をともに対象とすることが妥当であるが，Kloepferは自己監視義務を環境利用に付帯する市民と事業者の義務の一つととらえ，その具体的な内容として事故配慮義務，化学物質，植物保護剤，洗剤，肥料，芝刈機等の危険性を伴う製品，物質等に関する表示・包装義務，放射線被害等の防止等に関する警告義務等とならんで財政的配慮義務（finanzielle 'Vorsorge' pflicht）を挙げ，リスク分野における財政的配慮義務を，義務履行担保提供義務（Sicherheitsleistung），損害賠償責任履行担保提供義務（Deckungsvorsorg），認可等の条件ないし負担とされた責任保険付保義務（Haftpflichtversicherung）の3類型に区分する。この制度は，環境負荷ないし損害が発生した場合における原因者の負担不能に対処できるだけでなく，金融市場が環境保全に関与することに伴う環境負荷の未然防止機能をもつことが高く評価されるが，この商品化には環境担当省による強い働きかけが必要である（協調原則）。責任履行担保提供義務制度の本来的な意義は，義務者の負担能力不足の場合における負担を予め確保するにあり，特に，原因者負担原則の徹底を図る機能を持つが，このほか，未然防止・予防原則の具体化機能，即ち，環境汚染ないしそれに起因する損害発生の未然防止を誘導し，予防原則に則った企業行動を誘導する機能を有する（連邦行政裁判所も旧廃棄物法8条2項の担保提供義務について「公共の福祉と第三者に対する侵害の未然予防手法」といい，未然予防機能を認める（BVerwGE 89, 215））。特に，履行担保の方法として銀行保証または責任保険によるときは，環境保全に関する人的，組織的，財政的，施設的対応について金融市場による審査を経由することになり，市場原理に基づく環境保全対策誘導機能が大きい。さらに，この制度は事業者の自己責任原則を貫徹させる機能を持つ。自己責任原

---

83) 拙稿「環境法における責任履行担保制度」259頁。
84) Kloepfer, 258.
85) Konzak, 33.
86) Döring, 15 & 109; Konzak, 33.

則は，最近では化学物質の安全性に関する証明と事後調査に関する責任の根拠として主張されるが，規制から管理へという環境法政策の大きな流れのなかで，より高い水準での環境を目指すうえで中核的な役割を与えられる。

我が国では廃棄物最終処分場に関する維持管理積立金制度（廃棄物処理8条の5，15条の2の3）等の例を除き未整備である。自主的拠出による基金の例としては，土対法（46条），廃棄物処理法（13条の15）に例がある。

(b) 原状回復・代償措置不能

この場合には，原因者に事後配慮領域の責任を課すことができないので，一種制裁的な責任制度（例えば，基金拠出義務，課徴金納付義務等）を導入することによって，この原則を徹底する必要がある。比較法的には，ドイツの州レベルの自然保護法に基づく補償課徴金徴収，州森林法に基づく森林（保守）課徴金制度があるほか，Brüggemeier は立法論として提案する制裁的慰謝料支払義務の制度化を提案する。[88]

(3) その他の帰責原則

原因者負担原則の法的根拠が正義であり，公的負担原則のそれが国家の保護義務ないしこれに類するものとされるに対して，その他の補完的帰責原則による環境保全措置の具体化を正当化するには，憲法に抵触しない限り，解決を求められる環境保全上の問題に対して納税者全体よりも近い立場にあることで足る。[89]

a 受益者負担原則（Nutznießerprinzip）

受益者負担原則の根拠は受益の還元である。我が国では環境基本法38条が公共事業型原状回復措置の費用負担について受益者負担の制度化を求め，自然環境保全法38条，自然公園法46条等に具体例がある。比較法的には，ドイツ連邦土壌保全法における清算義務（同法25条。汚染土壌を公的負担によって

---

87) Kloepfer, 258; Stb. 2003, no. 71, 8.
88) Brüggemeier, 225.
89) Breuer-3, 760; Winter, S., 139.

浄化等の措置を行った結果，土地の取引価格が上昇した場合に，公的機関が原因者から求償できない範囲において，土地所有者に土地増価額を限度とする清算義務を課す），欧州でみられる採水課徴金はこの例で[90]，連邦憲法裁判所はBaden-Württemberg, Hessen州における採水課徴金につき，州の徴収権限を積極に解して憲法異議を却下し，理由中で「狭義の自然資源としての水は，公共財（Gut der Allgemeinheit）である。この資源を事業者が利用する場合には，この材を利用せずまたは同程度の利用をしない者に対して特別の利益を受けることになる。この利益の全部または一部の供出を求めることは正当化される」と述べた（BVerfGE 93, 319）。ドイツ廃棄物越境移動法（2005年改正前）上の適法越境移動者による連帯基金拠出義務（後記）は，違法越境移動廃棄物の再輸入・適正処理義務が履行されない場合の費用につき，公的負担の回避を目的として適法越境移動者（同種事業者）の負担を制度化したが，バーゼル条約批准によって一定の手続のもとでの越境移動が可能となる事実関係をとらえ，適法越境移動者を批准の受益者ととらえ，受益者負担原則の適用例とする説明もみられた。また，オランダは土壌保全法施行前の土壌汚染の浄化等の措置について，従来は公共事業型による費用の原因者負担（費用償還義務）を制度化していたが，1975年以前の汚染については最高裁が求償請求を事実上否定したことから，法改正によって所有者責任の導入を予定し，改正に際して所有者に対する公的負担による財政支援を制度化し，これを受益者負担原則で説明する[91]。

b　所有者責任

土壌汚染対策法は土壌汚染調査（3条ないし5条）および汚染の除去等の措置（7条1項本文）について所有者等（所有者，占有者，管理者）に義務づける。この所有者責任は状態責任（Zustandverantwortung）で，法的には土地に対する支配，経済的には土地の利用・収益の帰属を根拠とする[92]。ドイツ

---

90)　Murswiek-4, 417.
91)　拙稿「土壌保全法」松村ほか『オランダ環境法』191頁。
92)　BVerwG, NJW 1991, 3047. 拙著『ドイツ土壌保全法の研究』34頁。

連邦土壌保全法は状態責任を前所有者，所有権放棄者，支配者に拡大するが（4条3項，6項。拡大状態責任），我が国ではこの点は解釈問題となる。

c 排出者責任（Erzeugersverantwortung）

廃棄物の違法処理に伴う原状回復等の措置については原因者負担原則にしたがうが，併せて，一定の条件のもとで廃棄物排出者に支障の除去等の措置義務を課す（廃棄物処理法19条の6）。ドイツ循環型経済・廃棄物法では，廃棄物排出者は，原則として，廃棄物の処理（リサイクル，処分）につき占有者と同じ責任を負い，第3者にこれを委託した場合にも，受任者は履行補助者と位置づけられるのが原則であるから，受任者による不適正処理につき，排出者は原因者として責任を負う。

d 拡大生産者責任（Produktverantwortung）

物質循環部門での製品製造者・輸入者の責任（所謂拡大生産者責任）はこの例である。我が国では，資源有効利用促進法上の指定再資源化製品（2条12項，26条以下。パソコン等）および，不完全な形ではあるが，家電リサイクル法等に例がある。この拡大生産者責任は原因者負担原則の発現形式の一つと説明するものもあるが[93]，原因者概念が拡散するので，自己責任原則によって説明すべきものと考える。

e その他の補完的帰責原則

ドイツ環境法学説ではこれらの帰責原則以外にも補完的帰責原則が論じられる[94]。即ち，遠隔地・重合汚染に起因する森林損害に対する責任について，加害行為と損害との間に一対一の因果関係が成立しないことから，加害者不明の共同不法行為の拡大解釈によるにせよ，私法上の責任を問うことに無理があり，国家賠償責任についても判例は消極に解していたため[95]，オランダ大

---

93) Rehbinder-15, 189.
94) EU レベルの共同責任原則については，COM(95)647; COM(95)624; Heselhaus-1.
95) 大気汚染起因の森林枯渇損害につき，国の損害賠償責任が問われた事件で，連邦民事裁判所は，連邦イミッシオン防止法14条第2文は要認可施設設置・操業者の私法上の責任（操業停止の差止請求権の制限と補償請求権）を規定するが，国は要認可施設

気汚染防止基金あるいは我が国の公健法制度等を参考とした基金方式による解決，特に，課徴金賦課（例えば，州法上の森林課徴金）による方法が提唱され，これを理論づける試みとして主張された。汚染跡地（Altlasten）に対する責任の在り方についてもこれに類する議論がある。

これらの補完的帰責原則論は原因者以外の者に対する義務づけを伴う一方で，帰責の法的根拠が希薄化するおそれがあり，営業の自由等の憲法上保障された基本権との抵触関係を回避するために，これらの補完的帰責原則の具体化は合意形成手法によることが多い。また，その具体化が基金創設あるいは課徴金等の賦課金と結びつけて提案される場合には，ドイツ連邦憲法裁判所によって確立された非税特別課徴金が許容される条件の充足性について争

設置・操業者ではないこと，同条は国家責任法の公法規範ではなく，かつ，被害者の排出施設設置者に対する損害賠償請求権の実現可能性を保障した規定とも解し得ないことを理由に，請求を棄却した（BGHZ 102, 350＝NuR 1988, 98＝NJW 1998, 478）。この判決に対して，憲法異議が提起され，被害者側は，①国の高煙突政策により拡散範囲が拡大した結果不利益な結果をもたらしたこと，②国には被害を受けた森林所有者のための補償規定を制定しなかった不作為があることを主張し，国に責任があると主張したが，受理されなかった（BVerfG, NJW 1998, 3264）。このほか，国の大気汚染浄化措置の不作為を理由とする憲法異議を認めなかった例として，BVerfG，NJW 1983, 2931.

96) 「政策手法」松村ほか『オランダ環境法』26頁；拙著『ドイツ土壌保全法の研究』130頁。
97) 森林基金の提唱として，Bohlken, 91.
98) Winter, S., 215; Ebersbach, 168（社会的正義原則から森林所有者に対する国家の補償義務を導き，森林損害補償基金の創設を提案）；Ganten, 11; v.Hippel, 32（連邦の不作為を理由とする憲法異議を認めなかった BVerfG NJW 1983, 2931 を契機として，損害賠償基金を提唱）；Rest, 111; Marburger-2, 147; Kinkel, 297（森林損害に関連してオランダの大気汚染基金を参考として基金による解決を検討し，国家予算方式用よりも原因者負担原則方式の方が期待されるという）；Rehbinder-3, 161; Kloepfer-4, 348 f.; Hohloch, 232 ff.; Bohlken, 129 ff.
99) 連邦憲法裁判所による特別課徴金が許容される判定条件の説明は学説によって必ずしも一様とはいえないが，以下ではSacksofskyとBenderらが示す判定条件を挙げる。
　a. Sacksofsky, 76 ff.
　　① グループ同質性（Homogene Gruppe）

われる例も少なくなく[100]、このため、右判定条件との関連で論じられることも多い。

（a）集団的原因者負担原則（kollektive Verursacherprinzip; Gruppenlastprinzip）

ｉ　学　説

ドイツにおける集団的原因者負担原則論は、連邦憲法裁判所が確立した非税特別課徴金が許容される判定条件との関連で論議された点で、我が国と異なる事情がある。

因果関係を特定の原因者・特定の損害間における１対１の関係で証明することが困難な場合における基金制度による解決の提案は既に1970年代にみられたが、1980年代後半の時期に、Breuer, Kloepferらによって、因果関係を原因者集団・損害全体間で集団的にとらえることにより、集団的帰責を正当化する試みがなされた[101]。即ち、Breuerは[102]、汚染跡地問題の解決策として、

---

　　②　明白な距離の近さ（Evidente Sachnähe）
　　③　グループ使用（Gruppennützige Verwendung）
　b.　Bender/Sparwasser/Engel, 57
　　①社会の類似性をもつグループによる負担であること（利害状態の共通性）
　　②課徴金の目的に対する距離が、他のグループまたは公共と比較して、近いこと
　　③特別のグループ責任を導くことが相当であること
　　④課徴金収入がそのグループで使用されること
　　⑤課徴金徴収期間が相当であること
100）判定条件不充足例として連帯基金拠出義務（廃棄物越境移動法）、充足例として地下水課徴金（BVerfGE 93, 319＝NVwZ 1996, 469. 松本「水資源の保全と取水賦課金制度」107頁、D.ムアヴィーク「賦課金による環境保護」１頁参照）、肥料法に基づく汚泥損害賠償基金（BVerfGE 110, 370＝UPR 2005, 23. 水処理汚泥の肥料としての使用に際して、汚泥使用により発生するおそれがある生育不良等の損害で、不法行為その他を理由とする請求ができないものについての損害賠償に当てる。拙著『ドイツ土壌保全法の研究』119頁等がある。
101）Pieoerも、特別課徴金の条件の一つとしての収入使用条件との関連で検討し、環境に特化した原因者負担原則に応じたものであるべきものと主張し、原因者負担原則を集団的に具体化し、環境政策的観点から、誘導型課徴金の前提として、集団的責任の前提を維持するために、環境負荷の個々の原因者を特定せず、原因者集団全体の責任を導こうとする（Pieoer, 233）。このほか、Wagner-2, 208 f. 参照。

ラインランド・プファルツ州のKooperationsmodell，ノルドライン・ウェストファーレン州の特別廃棄物免許手数料による跡地汚染浄化費用負担等と並んで課徴金方式の跡地土壌汚染基金による方法を分析するなかで，現在の企業に対して現在課される課徴金を財源とする土壌汚染基金方式について連邦憲法裁判所が確立している特別課徴金の条件との関連で，課徴金納付義務者がグループとしての同質性，損害に対する近さとしての集団的責任，グループ利用性を論ずる。また，Kloepfer も，重合・遠隔地汚染による損害に対する責任関係は，因果関係の問題があるので，集団法によらなければ解決できず，多様な原因者集団の課徴金負担義務によって可能ではないかという。[103]

このような議論を集団的原因者負担原則によって説明しようとする試みは，おそらくは，Rehbinder を嚆矢とするのではあるまいか。Rehbinder は，個人法上の責任では困難な問題を損害に対する集団的責任引き受けシステムによって全体として解決する方法として，因果関係を集団的原因者負担原則（集団的責任）による原因者集団の問題ととらえ，分散排出源によるイミッションの集団的責任引き受けシステムとしての遠隔地損害責任基金（Haftungsfonds）を提案する。集団的原因者負担原則論は，その後，Winter, Bender ら，kloepfer, Bohlken 等によって承継されている。[104]

Winter は，環境部門保全における基金制度（Umweltfonds）が，環境負荷起因の損害の補償と浄化措置を実施するための資金負担の二つの機能をもつといい，遠隔地・重合汚染の原因者は単一ではなく，企業群であり，集団的原因者負担原則にしたがって損害コストにつき責任を負うべきものである。それ故，有害物質排出物の量と危険性に応じてすべての排出者を対象とすることを提案する。緑の党の環境損害基金法草案における課徴金構想も集[105][106][107]

---

102) Breuer-3, 760.
103) Kloepfer-4, 349.
104) Rehbinder-3, 161.
105) Winter, S., 30.
106) Winter, S., 138.
107) BT. Drs. 11/4247（拙著『ドイツ土壌保全法の研究』125頁参照）．

団的原因者負担原則を起点とするものである。このシステムはオランダでも実施されており，石油，LPG，石炭，ガス，燃料に対する課徴金収入の一部が基金に組み込まれているし，日本の公健法も集団的原因者負担原則を粗雑化した例である。集団的原因者負担原則では原因者負担原則の前提となる因果関係が粗雑化される。集団的原因者負担原則に関連するもう一つの問題点は，少なくとも排出源，大気汚染物質，損害の間に集団的帰責が可能でなければならない。重合・遠隔地汚染は，作用機序も作用連鎖も未解明なので，原因を個々の汚染物質に帰せしめることはできないが，森林枯渇のような概括的な損害を大気汚染に起因するものとすることはできる。大気汚染物質と排出者間の関連は困難であるから，排出者群の一定の有害物質に対する割合的な寄与を示すことはできても，国内，国外の排出者の寄与割合を定量的に示すことはできない。集団的原因者負担原則の核心的な考え方は，厳格な意味での原因者負担原則の責任根拠を要しない点にある。費用負担を課す根拠としては，一定の経済範囲または国民群が解決すべき問題に対して法政策的観点から納税者全体よりも近い立場にあることで充分である。このような費用負担が公的負担原則よりも正当性をもち，かつ，拠出義務者にとってもより明瞭である。集団的原因者負担原則は，単に環境保全分野で重要な予防原則を実現できるだけでなく，環境負荷型の活動を低減させるインセンティヴをもつ。

　Bender らは，この原則を原因者負担原則と公的負担原則の中間に位置するが，より前者に近いといい，典型例として，以下の事例を挙げ，集団的原因者負担原則を制度的に具体化するには，基金特別創設あるいは課徴金による方法も現実的であるという。

　ⅰ）環境に対する危険ないし環境損害の後続損害について原因者集団全体

---

108) Wagner-1, 27.
109) Breuer-3, 760.
110) Winter, S., 138.
111) Bender/Sparwasser/Engel, 34.

に負担させる例

ⅱ）化学工業会による汚染跡地浄化費用負担

ⅲ）経済界，エネルギー事業者，自動車利用者による森林枯渇損害に対する補償[112]

Kloepfer[113]も，この原則を加害者集団（例えば，経済界部門）による負担原則とし，環境特別課徴金の方法により，公的に負担する環境保全費用を潜在的加害者に転嫁する仕組みといい，ここでは危険に対する原因寄与を具体的に把握できるか否かは問わない。

Bohlken[114]によれば，外部費用の内部化は原因者負担原則以外にも集団的原因者負担原則によっても可能である。集団的原因者負担原則は原因者負担原則の柔軟な形式として，公的負担原則，個人負担原則（Individuallastprinzip）に先行する[115]。原因者負担原則によれば，環境利用に対する費用の個人化の可能性がないために，個々の排出者ではなく，これに代えて排出者集団に帰責させ，これによって，費用発生に対して全体として責任があることを確定する。これに対して基金による解決は潜在的原因者群が価値金に関して全体として責任を負い，緩和された形式で原因者負担原則と整合する[116]。このような集団的費用負担システムは原因者負担原則を具体化する個人責任法に対しても利点がある。

ⅱ　集団的原因者負担原則は，因果関係を個別レベルではなく集団レベルでとらえることによって原因者負担原則と同等の正当性を主張し得るが，前提条件として，負担者集団と損害全体との間に因果関係が証明されること，換言すれば，すべての負担者が，量的多寡はともかく，加害行為に加担すること（森林損害の事例では，大気汚染物質排出者であること）が必要である。逆

---

112) Bender, 335; Dörnberg, 308.
113) Kloepfer-11, 198.
114) Bohlken, 282.
115) Kahl-1, 24; Winter, 139.
116) Pieoer, 233.

に，原因加担なきことが立証される者については適用が困難と考えられる。

（b）　同業者団体（負担）原則（Genossenschaftsprinzip）

Wagnerは，森林被害における因果関係の証明の困難から集団的環境責任を論じ[117]，因果関係の証明が困難であることから環境責任法による救済を与えることができない類型の損害（例えば，森林被害）の救済方法として，①国家予算（一般財源）による方法，②基金による方法，③同業者団体モデルを挙げる[118]。

環境関連の同業者団体モデル（Genossenschaftsmodell）は，事故保険に関する同業者団体（Berufsgenossenschaft）[119]に遡る考え方で[120]，環境部門では，伝統的な責任システムに代わって，参加企業者が環境に対してもたらした損害を補償し，同時に，閉鎖された企業を監視することによって環境配慮を行うシステムで，原因者負担原則によって説明可能な側面とそうでない側面を併せ持つが，加害者と被害者集団の連帯社会的責任共同である。その反面で，例えば，森林被害のように，加害企業が同業者団体性を伴わず，経済界全体，ないしは国民全体に拡大する場合には，同業者団体（負担）原則とは構造的に整合し得ない[121]。それ故，Wagnerは，集団的環境責任法を発展させつつ，森林被害に対する責任関係を全経済界に拡大せず，大規模排出者だけに限定した同業者団体モデルを提唱する[122]。同じく連帯社会を構想しつつ，その範囲を同業性によって厳格に画する点に後記連帯原則との差を認めることができる。

例えば，オランダのSUBATの事例，あるいはデンマークのOM基金[123]

---

117)　Wagner-1, 27.
118)　Wagner-1, 220 f.; ders.-2, 208.
119)　事業閉鎖後の労働者の業務上災害および職業病に対する補償（費用は雇用者負担）と損害予防を主たる任務とする同業者団体で，法人格を有する（SGB-29条1項）。
120)　Winter, S., 186.
121)　Winter, S., 186; Wagner-1, 220 f.
122)　Wagner-1, 226.
123)　拙稿「ドイツの事例に学ぶ～義務履行確保手法と基金制度」70頁。

制度の事例は同業者団体原則によって説明可能である。前者はガソリンスタンドその他の施設用地における油起因の土壌汚染の調査，浄化等の措置について石油精製，販売業界が責任を負う制度で，中央政府・関係経済界団体間の合意形成手法によって導入された。この事例では，特定の土地における土壌汚染に対して関係経済界は原因者に当たらず，それ故，厳密な意味での原因者負担原則の射程範囲に属さないが，汚染原因物質の製造，販売に関与した事実によって，広義かつ間接的原因関与を認めることは可能であり，この点に，公的負担原則に優先させる根拠を認めることができる。我が国では，不法投棄産業廃棄物処理に関する建設業界の寄金制度はこれに類する性格をもつと考えられる。

(c) 連帯（負担）原則（Solidarprinzip）

国内で導入された基金解決は保険と同じ発想をもつ。連帯社会と並んで，潜在的・蓋然的加害者は，損害に対して，全体としての法的共同体（加害者共同体）全体として共通の義務を負い，このために国家に対して財政的に寄与しなければならないとする考え方で，保険と発想を同じくし，この考え方を前提として，前記有害廃棄物越境移動に関する連帯基金拠出義務を社会連帯責任によって説明する。連帯基金を廃棄物輸出業者の強制的団体と理解し，連帯基金を団体負担金とし，適法輸出許可申請者の拠出義務を輸出された廃棄物の引取につき公的責務を課すものととらえたうえで，廃棄物輸出業者は全体として輸出された廃棄物の引き取りにつき特別近い立場にあるから，これに引き取りの公的責務を課すことは相当性を認めうるし，このような公的責務を課された団体がその責務遂行費用を団体参加者から参加者負担金として徴収することは合憲というのである（この制度については，前記受益者負担説のほか，同業者負担説もあり，この説は公的負担原則と比較して合理的な面もある）。

---

124) 拙稿「デンマーク汚染地法による責任システム」82頁参照。
125) Hohloch, 11 (1994).
126) Koch/Reese, 85 による（拙稿「ドイツ廃棄物越境移動法」86頁）。この制度におけ

連帯（負担）原則は，公的負担原則によるよりは損害発生に近い距離にある者の責任を問うことができる。例えば，BSB では合理的な一面がある。[127] この事例は，土壌汚染の調査，条華東の措置について土壌汚染対策措置資金を経済界の拠出（場合によっては，経済界と州政府等の公的機関の共同拠出）によってまかなうシステムで，合意形成手法による。拠出経済界は対象となる特定の土壌汚染の原因者ではなく，土壌汚染全体が長年の経済活動全体の負の遺産であるという関係があるにすぎず，原因者負担原則をそのままの形で適用することは困難だが，原因者は拠出経済界に含まれるので，全体責任ないし連帯責任的な帰責負担形態とみることができる。ドイツの所謂協調モデル（Kooperationsmodel）[128] はこの類例で，オランダ，ドイツ等にみられる汚染跡地浄化制度（連邦政府・中央経済界間，地方政府・地方経済界間，中央政府・特定部門経済界間等の合意（協定）を基礎として責任分担する），バイエル[129]

　　る拠出義務の法的性格については，非税特別課徴金説，手数料説，団体負担金説等があるが，団体負担金説に対しては批判が強い。即ち，連帯基金は自己管理，自己決定水準において要通告廃棄物越境移動者で構成する団体とはいえないこと（Kloepfer-9, 81），連帯基金に対する拠出金支払義務者の関係は会員資格ないしこれに類する構造をもたないこと（Lerche, 1）等の理由から団体性に疑問があるし，あるいは，連帯基金の唯一の責務は廃棄物引き取り資金を提供することであり，強制団体と認められる条件としての「特別の責務」の存在に疑問があるというのである（Ossenbühr-3, 1805）。連邦憲法裁判所は特別課徴金説に立ち，連帯基金拠出義務を課す規定を，特別課徴金の許容条件（特に，課徴金収入をグループで使用すること）を充たさないこと等を理由として，「職業の自由に関する基本権（基本法12条1項）侵害」となるから違憲，無効と判断した（BVerfGE 113, 128. 拙稿「違法に輸出された有害廃棄物の処理費用の負担」64頁）。この連邦憲法裁判所判決の理由は集団的原因者負担原則ないし社会連帯責任の考え方自体を否定したわけではないが，2005年改正で関連規定が削除された。EU 裁判所も，輸出者に連帯基金拠出を求める規定が EU 条約23条，25条で禁止される輸出関税に等しい効果をもつとの理由で条約違反とする（EuGH, C-389/00））。

127)　拙稿「土壌汚染対策支援措置に関する二つの事例」83頁（2002年），拙稿「土壌保全法」松村ほか『オランダ環境法』178頁参照。
128)　拙稿「土壌汚染対策支援措置に関する二つの事例」92頁参照。集団的負担の発想に基づく税，課徴金，基金等の制度化の試みについては，拙著『ドイツ土壌保全法の研究』117頁以下参照。
129)　油起因の土壌汚染に関する石油業界との間のオランダBSB協定，石油業界の油に

ン協定と GAB, ラインランド・プファルツ州の GBS, かつてのヘッセン州の HIM 等, 工業界, エネルギー業界, 自動車利用業界による森林枯渇損害補償制度等の事例がある。負担者には法的義務が存在せずあるいは不明であることを前提とするが, 経済界による負担の根拠の説明としては, 集団負担原則あるいは一種連帯社会的責任を基礎とする自主的責任負担制度と理解すべきものであろう。我が国では, 土壌汚染対策法22条が予定する土壌汚染対策基金等がある。しかし, これを規制的手法によりあるいは経済的手法による負担の法的義務づけ手法によるときは, 営業の自由との抵触を生じるおそれがあると考えられ, 現実には, 合意形成手法による制度化が有効である。

(d) 小　括

集団的原因者負担原則, 同業者団体負担原則あるいは連帯負担原則は, 公的負担原則の適用を最小化するための論理であり, あくまで補完的機能をもつにとどまる。その意味でこれを「原則」と位置づけることには疑問もないではなく, ドイツ環境法上も, 帰責モデルとしての評価が多く, 原則としての評価はむしろ少ない。しかし, これを法原則ではなく政策原則と位置づけ, 立法, 行政上の裁量的意思決定上の指針ととらえる限りでは, 原則性を否定して帰責モデルと言い換えることに実益がいかほどに存在するかは疑問である。重要なことは, 政策原則とするにせよ, 帰責モデルとするにせよ, 環境保全に関する具体的事案についての帰責について, 公的負担原則によるよりは法的・社会的・経済的にみて高い合理性・妥当性を認め得るか否かであり, この点は事業活動と損害発生との間の1対1の因果関係が間接的かつ希薄な場合あるいはこのような意味での因果関係を抑々観念できない場合, 特に, 原因者集団と負担者集団が異なる事例では, 規制的手法あるいは経済的負担の義務づけ（課徴金納付義務, 基金拠出義務等）手法には憲法との抵触関係を懸念しなければならないため, 合意形成手法の有効性が高い。いずれ

　　　よる土壌汚染の調査, 浄化に関するオランダ SUBAT（拙著『ドイツ土壌保全法の研究』166頁）とデンマークの OM 基金（拙稿「デンマーク汚染地法における責任システム」82頁）はこの例である。

にせよ，原因者以外の者に対する負担を求めるシステムは，その前提として前記のような原因者負担原則を徹底させる仕組みが制度化されていなければ，合意形成に困難を伴う。

(4) 公的負担原則（Gemeinlastprinzip）
a 法的位置づけ

公的負担原則は原因者負担原則に対して補完的に機能する（ドイツの通説）。原因者負担原則の対立概念は被害者負担原則で，法律上または事実上の理由から原因者負担原則を適用できない場合には被害者負担原則によらざるを得ないのが原則だが，現実には酷な場合が少なくない。公的負担原則はこのような帰責の間隙，即ち，原因者負担原則も被害者負担原則も適用できない場合における帰責原則の一つである。しかし，他の帰責原則に合理性を認めることができる場合にはこれを優先すべきもので，その意味で，あくまで例外的に位置づけられる。[130] また，このような場合すべてに国家が環境保全上の措置または措置費用負担に責任を負うべきことを意味しない。公的負担原則も，原因者負担原則と同様に，この原則それ自体から公的機関の具体的義務が発生するわけではなく，法令で定める発動基準にしたがって，または具体的事例における裁量によって発動される。

その発動条件としては，以下の条件が考えられる。

ⅰ 原因者負担原則を現実に適用できず，他の負担原則による義務者が存在しないとき

ⅱ 被害者負担原則によるのでは過酷な結果を招くときまたは被害者が存在しないとき（環境損害の場合）

ⅲ 公的負担原則による措置を発動しなければ公共の福祉または市民に許容レベルを超える損害をもたらすおそれがあるとき

ドイツ法上，公的負担原則は国家等の基本権（基本的人権）保護義務を根

---

130) Rehbinder-15, 192; Kloepfer-11, 196.

拠とすると説明される。しかし，公的負担原則の適用領域には二つの類型が考えられる。第1は公的負担が覊束的に作用する領域で，基本権保護義務による説明が可能である。ドイツ法と異なり，我が国では基本的人権保護義務については消極説が通説であるが，立法の不作為，行政庁の裁量権限不行使について一定の場条件のもとで国家賠償責任が成立することを認めるから（判例・通説），不作為のまま手を拱いていれば損害発生段階で国家賠償責任が成立するような状況下では，そのような意味での損害発生防止のための事前配慮を含めて，公的負担原則を立法・行政上の不作為による原因者負担原則の適用と考えることも可能である。第2の類型は公的負担が裁量的に作用する領域で，予防原則の枠内で機能する。環境法における予防原則は，前記の如く，損害発生の蓋然性が充分大きくない領域（ドイツ法でいう（狭義の）リスク配慮領域），環境配慮領域，将来配慮領域における環境保護権限を国家に付与し，この権限は事業者等の行動主体に対してと当時に国家に対しても作用する。それ故，この予防原則の範囲での環境保護に向けた権限行使が公的負担の形で発現されることを違法とすることはできない。

  b　発現形式

　公害防止事業費事業者負担法に基づく公害防止事業費用のうち，原因事業者に負担させることができない部分（4条）については公的負担となる。

　このほか，産廃特別措置法上の公的負担による廃棄物不法投棄の原状回復等の制度あるいは善意の土地所有者等が汚染の除去等の措置義務を負う場合の基金による財政支援（同法46条，47条）はこの例である。後者は，土対法は土壌汚染対策措置につき所有者等の責任を基本とするが，所有者等が汚染原因者ではなく，特に，非企業の個人である場合には酷な結果をもたらすおそれがあるので，経済界の拠出と国および地方自治体による公的負担による一部財政支援を制度化したものである。

3　協調原則（Kooperationsprinzip）[131]

(1)　制定法上の協調原則

　協調原則を明記する法令は殆ど存在せず，前記ドイツ統合条約，国家条約，環境枠組法があるのみである。

　環境法典草案では，1990年環境法典草案総論編（UGB-ProfE-AT）は，協調原則の中核的意味を，一方で環境政策上の意思形成と決定手続に社会の力を参加させ，他方で国家（特に行政）の環境保全責任を損なわないことにあり，自主的な協力によって合意形成を基礎とする執行軽減，社会・民間の専門的知識を活用することができる点に求める。そのうえで，①環境保全が独り国家のみの責務ではなく，国家と市民に委ねられること，②国家が優先的に行うべき責務領域を立法者が定める領域に限定すること，③環境保全領域では規制的手法より弾力的手法を優先させること，④国家による環境保全活動を憲法による程度をこえて制限すること（但し，不可欠な部門を除く），⑤一定の前提条件のもとで，比例原則に応じて国家以外の行動主体に対する責務配分を義務づけること，⑥国家以外の行動主体の責務履行を国家が監視すること等を内容とする規定を予定するが，その具体的な発現形式は各論編の規定に委ねる。弾力的手法は，継続的な環境侵害・環境リスクの増加を伴わない場合，規制的手法と同等以上に環境負荷を低減できる場合に規制的手法に対する優先性を予定したが（87条以下），強い批判を受けた。1997年環境法典草案（UGB-KomE）は，「何人もその責任の枠内において環境財を利用することができる」と規定し（3条1項），環境保全に対する市民の一般的責務を明らかにしたうえで，協調原則を環境法政策原則ととらえ，協調原則規定を提案する。公衆参加と環境情報に対するアクセス権を協調原則の枠内でとらえる点と，「官庁は，環境法の規定に基づく措置に際して，本法典の目的が同じ方法で関係者との合意によって達成が可能か否かを検討すべきで

---

131)　拙著『環境協定の研究』3頁以下。

ある」（7条2項）とする点が特徴である。しかし，1990年草案と異なり，協調的手法を法的に強制せず，協調原則の政策的性格を示すにとどめ，国家に個別事例で導入の可能性と重要性を検討する義務を課すとともに，協調的手法を採用する場合には，環境保全責務を完全に民間移譲するのではなく，国家に民間の自己責任による責務履行を監視する責務を課す。1998年政府作業草案（UGB-RefE-1998）は，協調原則については「国家と市民は環境保全のために共同する（協調原則）」とするにとどめた（A-3条3項）。2008年5月20日時点の2009年草案（RefE-2009）は，人および環境を保護するための一般的原則の一つとして「社会と国家は人および環境の保護に際して協働すべきこと（協調原則）」を予定した（1編1条2項4号）。

(2) 判例上の協調原則

市町村による使い捨て型飲料用包装容器税に関して国家・経済界間の協調関係によって形作られた法秩序に反する経済的手法の導入を憲法違反・無効とした連邦憲法裁判所判決（BVerfGE 98, 106）が，協調原則に関連する例としてしばしば引用される。本判決に対して，学説は賛成論，結論賛成・理由反対論，反対論が交錯し，結論に対しては積極説が多数，理由に対しては批判的見解が多数を占める。[132] さらに，本判決が強調原則の法原則性を認めたかについても，積極説[133]と消極説[134]が交錯する。本判決は，結論として，本件誘導的税制（使い捨て型飲料用包装容器税）は，連邦の立法権限に基づいて採用された協調関係と原則的に相いれないものであるとの理由で違憲，無効としたのであるが，協調および協調原則に関して「連邦の立法者は，環境法において，拘束力のある命令（特に，命令，禁止，許認可）とともに間接的行動管理を認識している。国家，経済界および社会の共同の環境責任の枠内で，関係

---

132) Krüger, 653; Weidemann, 73.
133) Fabio-3, 37 ff.; Sendler-3, 365 f.; ders.-4, 2875; Franzius-1, 422; Klöck, O. usw., 1. このほか，Jarassは規範的（Jarass-2, 5），Legeは憲法上の原則と表現する。
134) Murswiek-5, 7; Jaeschke, 563.

者の協力のもとで個人の自由と社会的要請との間の調整が図られる。環境政策上の意思形成と決定プロセスに対する，特に，経済界の参加は，環境保全のための専門知識を開拓し，コンセンサスによる環境政策上の計画執行を容易にする。公的主体と私的主体との共同は，公的責務の履行に対する共同責任を強調するが，そこでは，経済界と社会とによる法の遵守を促進するだけでなく，自己責任による計画策定と行動目標と行動手段の開発に際しての共同を期待する」，「協調原則は，多様な専門的，技術的，人的，経済的手段を有する様々な団体が，独自の責務分担と行動承諾のもとで，予め定められた目標または共同で定めた目標を達成する集団的責任を基礎とする。これに対して税による誘導は，誘導対象とする行動以外の環境行動をとることを承認したうえで，環境政策上の成果全体を測定し，法的に予定することができる。協調は，必要性と能力に応じて，合意ベースでの関係者の協力を可能とするが，税による誘導は，給付能力を有する者には環境負荷を伴う行動を選択することを認め，給付能力を有しない者に対しては拘束力を有する形での禁止と同じ効果をもつ」と述べた。このように本判決は協調のもつ環境政策上の決定・実施のコンセンサス，合意形成を強調する。

(3) 学　説

　学説レベルでは，協調原則論は Ritter, Hoffmann-Riem, Scheuing, Rehbinder, Lersner, Kloepfer/Meßerschmidt, Erbguth らによって萌芽し，1980年代後半の時期に，Breuer, Rengeling, Grüter らによって体系化が試みられたが，詳細は別稿に譲る[135]。

(4) 意義と性格

a 意　義

　協調原則における協調は環境管理を目的とする国際的（国家間），国家（国

---

135) 拙著『環境協定の研究』25頁以下。

および地方自治体）内部および国家と国家以外の行動主体（経済界等）間の協調関係をいう（環境基本法5条に規定する国際的協調は第1の例）。国家以外の行動主体間の協調関係は環境法の原則と位置づけることができない。

協調原則は，予防原則，原因者負担原則に沿った政策を具体化する場合の，現実の手法に関する概念で，前2者とは異質な要素を含む。即ち，予防原則に基づく高い水準の環境管理上の立法，行政上の意思決定は，いわゆる執行欠缺問題以外にも，①最適な形での規制・間接規制の実現が事実上不可能ないしは困難な場合があること，②規制的手法の具体化が法律上不可能ないしは困難を伴う場合があること等の法律上または事実上の困難に逢着し，参加行動主体，特に，経済界の協調なくしては困難である。[136] 第1の問題点としては，技術革新が急速かつ高度に専門的であるために起こる情報不足による事実上の障害，経済界等の反対が強いために生じる事実上の障害が重要である。また第2の問題点としては，高い水準の環境保全目標の達成が技術開発と同時進行しなければ不可能な場合には，先端技術部門における技術的，経済的可能性による制約，即ち，過剰禁止原則に由来する規制的手法の導入の限界の問題が生じる。また，因果関係不明，原因者不存在・不明・負担不能等の理由から厳密な形での原因者負担原則を適用できない領域で，法的根拠が希薄な補完的帰責システムを導入する場合には，合意形成の方法が必要とされる。

b 性　　格

(a) 支　援　性

協調原則はそれ自体が目的ではなく，予防原則，原因者負担原則に基づく環境保全政策を支援する役割をもつ手法原則の一つ，[137] 特に，合意形成を基礎とする手法原則と考えられる。即ち，規制的手法ないし税等による誘導手法の最適な形での実現が，事実上不可能ないしは困難な場合にその実現を支援すること，さらには，規制的手法の具体化が法律上不可能ないしは困難を伴

---

136) Buchwald/Engelhardt, 18.
137) Schrader-1, 324.

う場合に合意形成によって法律外で同等内容の実現を支援することが，協調原則の中核的な役割であると考えられる。特に，環境戦略現代化構想のなかで，健康に対する配慮のほか環境配慮を求め，危険配慮からリスク配慮に保全対象を拡大し，技術水準を適用してより高い水準の環境質を目標とする過程では，現時点では技術的あるいは経済的に困難を伴う技術の導入を先取りすることは，協調原則にしたがって合意形成を図る以外に打開策がない。その意味で協調原則は予防原則領域で有効性をもつ。[138]

(b) 原因者負担原則以外の義務・費用負担

集団的原因者負担，同業者負担，社会連帯的責任負担の制度化のように原因関係が希薄な者に対する帰責は，協調原則によって可能となる。Kloepfer[139]も部分的には国家と社会の共同社会による環境保全措置費用帰責原則とも理解できると指摘する。

(c) 専門的知識・経験の共有

より高い水準の環境質を目標とするために技術水準の適用を義務づける法制度のもとでは，最新・最高で，かつ，技術的可能性と経済的受容性をもつ技術の評価は，経済界が保有する専門的知識・経験を活用することが不可避的であるが，協調原則はこのような社会の側に存在する専門的知識・経験を国家の環境保全政策に活用する手法を提供する。

(d) 合意形成による環境保全水準の向上

協調原則は，環境保全に向けた社会のコンセンサスベースの責任引受であり，必然的に，自主性を本質とし，当事者間の信頼関係の醸成が前提となる。協調原則は，本来，法的義務が存在しない領域または法的義務を導入する過程で機能を発揮する。しかし，各行動主体の自主的な協調原則の背景には，環境保全が一人国家の力だけで実現できるわけではなく，社会の全行動主体の協力が必要であるという意味で，社会の各行動主体の自己責任あるいは全行動主体の共同責任を根拠とすると説明される。協調原則は従来型の手

---

138) Bulling, 277; Illert, 7 ff.; Rehbinder-15, 197.
139) Kloepfer-11, 199 ff.

法では実現が困難な領域あるいは水準での環境保全を可能とする。特に，長期的環境政策目標の達成を狙う環境協定は，必然的に将来技術を先取りする内容をもち，環境保全を時間的に前倒しする意味をもつ。しかし，国家の側の強い政策圧力（「袋の中のこん棒（Knüppel im Sack）」[140]）なくしては，高い水準の合意形成は不可能である。

  (e) 政策手法と環境保全措置の弾力化

 国家の側の政策手法選択の弾力性と協調当事者（特に，経済界）側の環境[141]保全措置選択の弾力性を高める。特に，後者は，経済界に環境目標達成のための手段選択の自由，手段導入時期選択の自由を保障することによって，費用対効果の高い技術の開発を促進し，協調に向けた合意の受容性と合意遵守の確率を高める。

  (f) 費用対効果の改善

 協調原則は国家側，特に，行政の負担を軽減することが指摘される。しかし，経済界側に目標達成に向けた手法選択の自由を与えることによって，技術的可能性の問題と経済的受容性の問題を将来の技術開発によって克服する過程で，費用対効果の高い方法選択を可能とすることが強調されてよい。

  (g) 法的紛争の最小化

 学説は，協調が合意ベースであることから，社会の側，特に，経済界が国家の立法または行政レベルの決定を受け入れる確率が高まることを一様に指摘する。この点はそのとおりであるが，特に，過剰禁止原則との関係で規制的手法あるいは税による誘導手法では導入が法的に困難な水準の環境保全措置を，協調原則によって，過剰禁止原則との抵触関係を懸念せずに，事実上の義務づけを可能とする点を強調したい。合意形成による法的紛争の最小化効果は主に国家と相手方当事者間に生じるが，連邦土壌保全法に基づく浄化計画では原因者・土地所有者間でも機能する。

---

140) von Lersner, 23.
141) Schrader-1, 324.

(5) 類型と発現形式
a 類　　型

協調原則の類型化については，制度化された協調と制度化されていない協調との類型化，参加型と責任分担型，目標に結びついた協調と目標に基礎を置く租税上の行為誘導（連邦憲法裁判所）等の類型化が主張されているが，理解が確立しているとはいえない。機能面に着目すると，①規範・目標・計画策定型，②規範・目標・計画策定参加型，③規範・目標・計画策定支援型，④規範・目標・計画実施型を区別できる。

b 発現形式

(a) 協調原則の発現形式は多様であるが，ドイツ環境法の例を表Ⅲ-1に示す。

(b) 環境協定

定義は未確立だが，「環境目標の達成に関する産業界と公的機関との間の協定[142]」あるいは「経済界（またはその一部）との拘束力のあるまたはこれを有しない約束で，一定の環境目標達成を目的として実施または環境負荷を伴う活動を中止もしくは減少させる措置」とされる[143]。国とその他の行動主体（特に，経済界）との間の合意形成を本質とし，合意の成否と質は国の側の情報の質と量，交渉力，交渉過程における政策圧力の強度等に左右される。当事者は，国（地方公共団体が参加する例もある）と経済界団体が通例だが，これに個別企業が当事者参加する形式は履行を確保するうえで最も有効である。欧州では気候変動防止，省エネ，土壌汚染対策，物質循環等の分野で例が多い。我が国では例が少ないが，気候変動防止に関する経済界の自主行動計画は，当初経済界側が国（特に，当時の環境庁）との間の合意形成を経由しない形で策定され，後に一種追認的に「地球温暖化対策推進大綱」（1998年）に取り込まれた例である。このほか，レジ袋関連で環境省・特定企業間

---

142) COM (96) 561 final, 5.
143) 拙稿「ドイツ1996年環境庁自主規制ガイドライン」172頁。

表Ⅲ-1 協調原則の類型

類型	当事者		発現形式	
規範・目標・計画策定型	経済界		環境協定	
			自主的回収目標設定に関する法規命令授権規定	
			技術的規範設定のための公法上・私法上の委員会・組織	
規範・目標・計画策定参加型	環境保護団体		協力権	
規範・目標・計画策定支援型	全分野		環境情報公開	
	経済界		中小企業の環境保全支援	
			環境責任保険制度の導入	
			土壌責任保険	
			汚染跡地浄化部門における協調モデル	
規範・目標・計画実施型	特定事業者	施設設置者	認可手続における申請者の協力	
			施設認可等の段階での合意	
		特定義務者	浄化計画・契約規定	
		営農者	汚泥使用契約	
			契約による自然保護	
	自然保護団体			
	民間専門家団体		技術的監視団体	
			執行實務の民間への移譲と行政協力者の活動	
			国家による管理責務に際しての民間組織の参加	

　の協定が存在するが，経済界団体との協定と異なり，協定対象企業が増えると協定内容の履行監視に課題がある。

　環境協定方式は規制的手法，間接規制手法と比較して実効性が低いとする批判がある反面で，これらの批判は理想型としての規制・間接規制手法と実現済の環境協定を比較する点で現実性を欠くとする指摘[144]もある。しかし，環

---

144) RSU, Umweltgutachten 1998, 130 ff.

境協定が最も有効なのは規制・間接規制手法の導入が困難な領域であるから，この方法を否定するのではなく，課題を克服する制度的仕組みを工夫する方向が実際的である。協調原則について前述した，専門的知識・経験の共有，信頼関係の醸成等の前提条件のほか，以下の課題を克服する必要がある。

ⅰ　協定遵守の確実性を高めること。ドイツでは法的拘束力を伴わない例が一般的で[145]，現実に不遵守例が存在する。履行を確保する前提として，経済界の約束の最終目標・中間的目標と達成時期が定量的・具体的に明示され，かつ，その履行状況を定期的に監視できることが不可欠である。履行を確保する第１の方法は法的拘束力の付与であるが，合意される環境政策目標水準が高度であるほど，その達成は将来の技術開発に期待せざるを得ず，法的拘束力に固執すれば，合意水準が達成が確実なレベルにとどまることにならざるを得ない。法的にも，環境協定に個別事業者が当事者として参加しない場合には，個別事業者に法的拘束力を及ぼすことはできない。第２の方法は規制的手法との併用だが（例えば，施設の設置操業を認可制とする法制度のもとで環境協定遵守を認可条件とする方法），不遵守に対する制裁が強い場合には合意水準が低下するおそれがあるし，我が国の大防法，水濁法は施設の設置・操業に条件を付すことができる仕組みになっていない。このほか，不遵守に対する事実上の制裁を予定する方法，環境協定参加にインセンティヴを付与する方法等が考えられる[146]。一方，監視システムとしては，国，地方公共団体と経済界，必要に応じて市民，労働団体等が参加する監視委員会あるいは常設の第三者監視等が有効である[147]。

ⅱ　成立・履行段階の透明性が低下する危険があること。このため，環境

---

145)　比較法的には一般的拘束力の付与を制度化する例がある（デンマーク，フランダース，オランダに制度化例があるが，実例は少ない）。
146)　例えば，オランダ工業用地土壌調査義務令は，環境協定の枠組の中で土壌汚染調査を実施し，調査結果を報告した施設設置者に同内容の規制の適用を除外する。
147)　ドイツ工業会等と連邦政府間の気候変動防止協定はこの例である。

協定の締結・履行監視等に関するルール作りが有効である[148]。

　iii　Free-rider 対策を要すること。

（c）公害防止協定・環境保全協定

わが国で多くの経験がある方法で，特定の事業場・工場で事業者が実施すべき環境保全措置等に関する合意である。協定当事者は，1または複数の事業者と1または複数の地方公共団体間の例，事業者・地方公共団体間の協定に住民が立会人等の資格で参加する例等，様々である（事業者・住民間の例（名古屋地判昭47・10・19判時683号21頁の例）は，地方自治体の環境保護上の意思決定が関与するのでなければ，協調原則の範囲に当たらない）。締結の契機は，公害防止計画（環境基17条）で定める計画目標あるいは地方公共団体が策定した環境政策目標を達成するために関連事業者の役割を具体化する場合，工場の新増設等を契機とする場合等がある。規制強化機能を持つのが通例である。

(6)　周辺の原則——**透明性原則**（Transparenzprinzip）

環境法の原則として透明性原則を挙げる学説は少ないが，Peters は環境情報公開に焦点を当てて情報原則を挙げ[149]，P. van den Biesen の編集によって milieu & RECHT 誌に連載された特集「環境法上の原則」シリーズ（2000年）でも透明性原則（transparantie-beginsel）が挙げられている[150]。

透明性確保の要請は民主主義社会に共通し，環境法領域に固有のものではないが，我が国の環境法では透明性に対する配慮が充分とは言えないから，敢えてこれを挙げる。情報共有が制度的に保障されなければ，行政庁，事業者，市民間の協調の実効性を担保することは不可能であるから，透明性は市民参加の制度的保障と並んで協調原則の不可欠の要素を構成する。その意味

---

148)　拙稿「環境政策参加型自主規制の実効性」97頁。
149)　Peters-2, 13.
150)　NEPP-4 が掲げる5原則（未然防止原則，予防原則，発生源対策原則，汚染者支払原則，ALARA 原則）中発生源対策原則を除く4原則に加えて，非悪化原則，透明性原則，協調原則，外部統合原則，生物多様性原則，持続的発展原則をあげる（拙稿「環境法の原則」5頁）。

で透明性は協調原則の前提条件と位置づけられる。

　環境保全を図るうえで，行政庁，事業者，市民等の行動主体間の透明性は不可欠であるが，特に，国および地方自治体と市民間の透明性の確保で，国等の意思決定と環境保全上の作為・不作為の妥当性を検証するうえで，また，事業者と市民間の透明性の確保は事業者の環境保全措置の質を向上させるうえで，さらには合意形成と紛争の早期解決を目指すうえで，重要である。方法論としては，国等あるいは事業者からの積極的情報開示ないし一般にアクセス可能なデータ・ベースの整備と市民の側からの情報公開請求権の保障が補完しあう制度が求められる。

三　その他の論点

1　自己責任原則（Eigenverantwortlichkeitsprinzip: Selbstverpflichtungsprinzip）

(1)　はじめに
　「自己責任」の概念は，あるいは民主主義の根源としての人間の尊厳との関連で一般的に論じられ，あるいは自己責任は自由人の標識であるとされるなど，環境法に固有の概念とはいえない。「責任」概念も，しばしば，市民の自主性，自己決定権と結びつけた道義的，倫理的な意味で，社会的責任ないし責務として論じられるが，これと法的責任とは峻別を要する。

---

151)　Führらは法的責任としての自己責任を Eigenverantwortung，道義的責任としての自主的責任を Selbstverantwortung と区別するが（Führ, M./Lahl, U., Eigen-Verantwortung als Regulierungskonzept-am Beispiel des Entscheidungsprozesses zu REACH, 2 f. (2005)），この用語区分が一般的に認知されているかは疑問がある。
152)　BVerfGE 5, 85 (204). Ulrich, 35 参照.
153)　Fabio-1, 278.
154)　例えば，Molsberger, 1.
155)　Führ/Lahl, 2.

142　第3章　環境法の原則

　環境法における自己責任の概念も明確とはいえない。自己責任原則は現行環境法にこれを明記する規定は存在しないが，環境法政策上，協調原則を理論化する過程で強調されてきた。例えば，ドイツの1971年環境行動計画は，環境適合型の新製品・新生産工程の開発とこれに伴うリスクの負担は企業の責務であり，基本的には環境保全は各行動主体の自己責任と協調を基盤とし，公権的干渉は市場メカニズムでは到達できない領域に限って作用すべきものとした。[156] SRU, Umweltgutachten 1996も国家と経済界との協調とともに経済界の環境保全に対する自己責任を強調する。[157] Kloepferは自己責任原則を協調原則の前提と位置づけ，「管理された自己責任原則（Prinzip der kontrollierenten Eigenverantwortlichkeit）」を環境法の原則と位置づけた。[158] 協調原則の発現形式のひとつである環境協定手法も自己責任原則に支えられる。[159] 環境保全が国家責務であると同時に事業者，市民等を含むすべての行動主体の責務であり，全行動主体の協調なくして環境保全は不可能であるという意味で，国家以外の行動主体が環境保全に自己責任を負うべきことには異論が少ない。その意味で，環境法上の自己責任原則は国家以外の全行動主体に妥当するが，環境法の原則としてとらえる場合には，特に，施設起因，物質・製品・廃棄物起因，行為起因の健康・環境リスクの管理に関する事業者の法的責任に関する，一義的には立法上の準則としての自己責任を対象とし，事後配慮領域のほか，事前配慮領域の責任を包含する。[160] 自己責任は，抽象的な意味では法制度上環境負荷を生ぜしめる行動主体，特に，事業者に一定の法的義務を課す根拠として機能し，事業者は自らの事業活動と公衆に提供する製品・サービスが健康と環境に対して安全であることについて責任があるとする考え方ととらえることができるが，[161] その具体的内容を自己責任原

---

156)　Grüter, 8.
157)　BT-Drs. VI/2710, 10.
158)　Kloepfer/Meßerschmidt, 85.
159)　Welscher, 101 u. 284.
160)　Hofling, 156 (1997).

則自体から直接導くことはできず，法令の規定によって初めて具体化される。この点は他の原則と変わらない。即ち，抽象的意味での自己責任原則は法令の規定によって具体的な内容をもつ法的義務と位置づけられ，それによって公的監視に服する。

(2) ドイツ環境法上の自己責任原則

1998年環境法典草案（UGB-RefE-1998）は，「(1)国家は，ヒトの保護および環境の保全のための措置が市民と私的企業によって高度に自己責任によって実施されることをめざす。(2)管轄官庁は，特別の法律上の規定にかかわらず，環境法上の規定が定める準則にしたがって，それらの措置に際して自己責任による措置，特に，EU 規則1836/93にしたがった環境管理・環境監査に対する共同体のシステムに対する営利企業の自主的参加の枠内で行う措置を相当に斟酌すべきものとする」と規定して，自己責任規定を予定したが（A-5条），法典化事業は挫折している。

a　判例上の自己責任原則

Kassel 市の使い捨て型包装容器税条例を連邦法秩序との不整合を理由に違憲，無効とした連邦憲法裁判所判決（BVerfGE 98, 106）は，環境保全部門における公的主体による責務履行に対する私的主体の共同責任を強調し，そこでは，経済界と社会とによる法の遵守を促進するだけでなく，国家計画策定と行動目標，行動手段の開発に際しての経済界の自己責任ベースの協調が期待されているとする。本判決は，自己責任原則それ自体を論じたものではないが，環境保全部門における国家と非国家行動主体（特に，経済界）との合意によって具体的内容を与えられた協調的コンセプトがこれら行動主体の自己責任を基礎とすることを示唆する。

b　学　　説

Kloepfer/Meßerschmitd は「管理された自己責任の原則」を提唱し，環

---

161) 化学物質，遺伝子組換え生物の管理に際してリスクが社会的許容レベルを超えないことの証明責任を事業者側に課す考え方は自己責任原則によって説明できる。

境法の原則と位置づけた。ここでは化学物質管理に関して「化学物質法の基礎を構成する原則」とされ，その発現形式として公的監視のもとで行われる事業者による自己審査（13条1項2文），危険物質の表示，包装義務，性状検査義務等が例示された。Kloepfer は，その後，射程を化学物質法から環境法一般に射程を拡大し，従来，国家の責務とされてきた環境保全について国家と社会とで分担する方向を目指し，国家監視のもとでの自己責任という意味での「管理された自己責任原則」にしたがって市民と企業とを環境保全に関与させ，環境政策における企業の地位を，国家環境政策と規制の客体から環境国家のパートナーに変えることによって，国家の環境保全政策の効率を著しく高めることができるといい，特に，情報的手法による企業の自己責任強化を主張する。この考え方の根底には，企業が保有する専門知識を環境保全に供することの重要性を過小評価すべきでなく，環境保全水準を低下させずに企業の自己責任の強化を図ることが，国家・経済界双方に利点が大きいとする認識がある。さらに，環境に対して危険性を伴う設備の設置者，環境に対して危険性を伴う製品の製造者の自己監視を自己責任の考え方に結びつけ，この原則を協調原則の周辺原則の一つと位置づけ，「広い意味で，政策的に検討すべき規制基盤」とする。

　環境法において，各行動主体（特に，事業者および経済界）が自己責任を負うとする認識は一般的であるが，これを環境法上の原則（自己責任原則）と位置づけることについては消極説，限定的積極説，積極説が主張されるほか，環境法の原則として自己責任原則に言及しない例も少なくない。

---

162)　Kloepfer/Meßerschmidt, 85.
163)　Kloepfer-2, 98 f.
164)　Kloepfer-5, 353.
165)　Kloepfer-13, 75.
166)　Kloepfer-11, 204.
167)　自己責任原則を挙げる例として，本文記載のほか，Hartkopf/Bohne, 115 ff.; Peters-2, 7 ff.; Tünnesen-Harmes, A. 2; Hoppe/Beckmann/Kauch, 38 ff.; Bender/Sparwasser/Engel, 29 ff.; Wolff-2, 20 ff.; Helberg, 85.

(a) 消　極　説

　Breuer によれば，「管理された自己責任原則」は環境保全・健康保護責務を国家の責務履行から私的配慮に移すことを内容とするものであるから，責務分担型協調原則に相当し，独立の原則というよりは，協調原則と併存することによって固有の意味をもつ。

(b) 限定的積極説

　Grüter[168)] は，原因者負担原則と協調原則がともに環境保全に対する自己責任を内在するとし，原因者以外の者に対する帰責に協調原則の特徴を認めるが，管理された自己責任原則を化学物質法の領域の限定し，責務分担型協調の１形式ととらえる。

(c) 積　極　説

　Daniel[169)] は，法執行レベルの自己責任を論ずるなかで，環境保全部門における経済界の自己責任を国家・経済界間の信頼関係の保護との関連でとらえる。Daniel によれば，国家等の主体が施設設置者の認可条件遵守を信頼する前提として，経済界側が事業活動起因リスクの最小化に向けた自己責任を尽くすことが不可欠である。多様な製造工程，処理工程は，伝統的な因果連鎖に基づく危険を予見し，かつ，これを防止して，そのコストを内部化するためには，経済界が情報管理を活用した市場公開型のリスクマネジメントを行う必要があるが，このようなリスク内部化モデルとしては自主的な環境操業審査が有効で，環境領域における経済界の自己責任による行動は，原因者負担原則のみならず，予防原則，協調原則にも有用である。行政と経済界の間の多様な協調構造は，経済界主体の自己責任を醸成する。企業の自己責任によって，企業サイドの行動の弾力性を低下させずに環境目標の達成を可能とするためには，①実施可能な環境法，②経済界に大きな裁量余地を与えるための合理的な環境法の基盤，③新たな状況と問題に迅速に反応できるよう

---

168)　Grüter, 8.
169)　Daniel, 102 ff.

な弾力的な環境行政等の前提条件が求められる。Führ/Lahl[170]は，EU化学物質管理戦略現代化に向けたREACH規則案における化学物質規制のパラダイム変革は経済界の自己責任の強化を中核とするとの認識を基礎として，REACH決定手続を素材として，規制コンセプトとしての自己責任を論ずる。Führ/Lahlによれば，事業者の義務ないし責任は，①厳格義務，②不完全義務，③自主的義務・責任に類型化され，第1類型の義務は法律上の義務，第3類型の義務は道徳の領域に属する。自己責任は第2類型に属し，ここでは，法律上義務づけられる行動が具体的に示されず，自己責任も法的義務として法律によって誘導されるが，明確な限界をもたず，自己責任が履行されない場合における制裁の予定，あるいは官庁が具体化する規定にしたがって直接その行動に誘導される。自己責任による管理を考える場合に，環境法上の準則は一般性をもつから，何人も経済活動，設計・企画行動に起因する望ましからざる結果から保護されるが，自己責任類型では法的要求事項が不確定性を伴うために，個別事例における権利保護水準の問題があり，基本権保障に対する配慮が不可欠で，第三者が効果的な方法で参加手段と法的救済手段を与えられるか，透明性が確保されるか等が重要な課題となる。環境政策上の管理が必要な場合には，第1類型の義務づけ手法は充分とはいえず，現代型環境法では，個別事例に対して動的，かつ，弾力的配慮を可能とする自己責任方式の重要性が高い。Rehbinderは，REACH規則の根底には自己責任を物質の安全性に対する包括的義務と位置づける考え方がある[171]とし，この安全性義務を管理された自己責任原則の発現形式と評価する[172]。このほか，Franzius[173]は，連邦イミッシオン防止法による施設の設置・操業管理，物質循環法上の義務の履行に関して，Sandenは連邦土壌保全法上の規制的手法の導入につき[174]，自己責任原則によって説明する。Franziusによれ

---

170) Führ/Lahl, 2 ff.
171) Rehbinder-16, 783.
172) Rehbinder-16, 811.
173) Franzius-1, 430 ff.

ば，施設設置者の自己責任による義務履行は国家管理の限界を画するが，施設設置者に最終的決定権を付与するわけではなく，国家の責任を排除するわけではない。

(3) 考　察
a　意　義
現代社会において技術革新と先端技術の利用は不可避であり，先端技術は必然的に健康リスク，環境リスクを内在する。このような先端技術を一般的，全面的に禁止する方向は国民のコンセンサスを受けることが困難であり，このためのリスク管理水準，裏返せば，社会的受容リスク水準の決定は予防原則の本質を構成する[175]。その一方で，このような意味でのリスク管理は国家と国家以外の行動主体，特に，健康・環境リスクの原因者であり，かつ，専門的知識・経験を保有する事業者との責任分担のもとで行うのでなければ不可能である。

自己責任原則は，当初，化学物質法における物質の製造・輸入・販売領域での健康・環境リスク管理との関連で提唱されたが，健康・環境リスク管理の必要性は化学物質法領域に限らず，製品，廃棄物を含めた統合的製品管理の領域でも，さらには化学物質排出起因リスクとの関連では施設管理に関する統合的環境管理の領域でも，本質的な差があるとは考え難い。それ故，この原則を化学物質法領域に限定せず，より高い水準の環境質の管理を目的として環境法一般に妥当するものととらえる方向が目的に適うと言わなければならない。

b　発現形式
1990年環境法典草案（UGB-E-AT）は，市民に自己責任に基づく決定の可能性を委ねる政策措置の規制的手法に対する優先性を予定し（6条3項），

---
174) Sanden-1, 115 ff.
175) この点については，拙稿「環境法における国家の基本権保護と環境配慮(1)」139頁以下。

①法律によりこれを命ぜられるとき，または②国家による責務履行が関係者に不均等な負担を与え，かつ，個々の事例で国家以外の行動主体がその責務を確実に履行することができることが担保されているときには，国家行政官庁の責務の履行を国家以外の行動主体に移譲し，国家監視のもとに，自己責任に基づく責務履行に委ねることを認める（4項）。この規定案の根底には，可能な限り自己責任による決定を優先させる考え方があり[176]，4項に規定される国家以外の行動主体に対する責務移譲も自己責任ベースの自己監視を根拠とする[177]。1997年草案も「企業・公法上の組織の自己責任における環境法上の要求事項の遵守および業務上の環境保全の絶え間なき改善を確保することを目的とする」ため，環境管理責任者，情報開示，自主的環境監査に関する規定を置くが（151条以下），これらの規定は，施設操業上の環境保全につき，操業上の自己管理と経済界の自己責任を促進する手法と位置づけられ[178]，環境保全上の義務に関する自己責任ベースの決定の促進を図る[179]。2009年草案（UGB-Ref-2009）は，事業認可申請に際しての提出資料および法令遵守等の監視について，法規命令制定によるEMAS事業所に関する軽減措置を連邦政府に授権し，その根拠を自己責任の促進に位置づける（第1編24条）。

　ドイツ環境法学説を参考として自己責任原則の発現例を例示すると以下の如くである。

　(a)　リスク管理上の自己責任

　施設関連，物質・製品・廃棄物関連の技術の高度化・専門化に伴って，これに起因する健康・環境リスクとリスク管理・低減技術に関連する情報は事業者側に偏在化するため，このリスクに対する配慮と管理を全面的に国家側の責任と位置づけることは無理がある。それ故，事業者側のリスク配慮・管理責任を規制によって初めて発生するものと位置づけるのではなく，事業活

---

176)　Kloepfer/Kunig/Rehbinder/Schmidt-Aßmann, 51.
177)　UGB-E-AT, 163.
178)　UGB-KomE, 731 ff.
179)　UGB-KomE, 83.

三　その他の論点　*149*

動に内在する事業者の自己責任の領域に位置づけることが求められる。
　i　リスク評価義務
　ドイツ化学物質法における化学物質管理は行政監視下の自己審査の考え方を基礎とし，製造者・輸入者は各物質に関する危険性等級評価を行い，これを表示する義務を負うが（13条1項2文），この性状検査義務の根拠は管理された自己責任原則に求められる[180]。Rehbinder が包括的責任と位置づける安全性評価義務はこれに当たる。
　ii　リスク証明義務
　リスク評価，特に，その定量的評価は不確実性を内在するので，正常な事業活動上のリスク（例えば，統合的環境管理あるいは統合的物質・製品・廃棄物管理上の健康・環境リスク）が環境法上の許容水準に適合するか否かについては，施設設置・操業，物質・製品製造・輸入等の事業活動に関連する許認可手続における許認可申請者（事業者）・許認可官庁間の証明配分問題を生じる。REACH 規則は物質起因リスク管理の領域で，各物質のリスクが受容可能レベルであることについて企業の側に証明責任を課す新たな方向を示した。この結果，事業者には，例えば，追加的保全措置，使用制限，使用禁止等の決定を行うことができる質の情報提供義務が発生するが，この考え方の理論的根拠は自己責任原則に求められると考えられる。REACH 規則制定過程で，EU 社会委員会が，「健康と環境に対して重大な負の影響を伴わない化学物質以外は製造し，使用してはならない」とする考え方を基礎として証明責任の考え方に基本的に同意した経緯[181]，あるいは，オランダ政府と経済界が，事業者に「自分が製造する物質が安全に使用できるようにする責任を課すべき」ことを提案したことも[182]，自己責任原則によって説明できよう。こ

---

180)　BMU, Umweltpolitik-10 Jahre Chemikaliengesetz, 37（1992）; Kloepfer-2, 98 f. 立法理由書も自己責任原則という表現は用いないが，等級評価義務，梱包・表示義務を自己責任で説明する（BT-Drs. 8/3319, 17）。
181)　Opinion of the Economic and Social Committee on the 'White Paper-Strategy for a Future Chemicals policy'（OJ. C. 36, 99/2001）.
182)　06.06.2001付 VROM-News.

のようなリスク管理の方向は，物質起因リスク固有の問題ではなく，将来的には，施設起因リスクを含めた事業ないし計画起因リスクに拡大することが予測される。[183]

iii 分類統一義務

EU は，化学物質の分類・ラベリング・包装規制を国際的統一基準（GHS）に整合させる方向での規則改正提案において，複数の供給者間で同一物質の分類が異なる場合に統一化合意に向けた努力義務を予定し，その根拠を自己責任原則に求める。[184]

iv リスク情報提供・伝達義務

事業活動に関連する施設の設置・操業あるいは製品・サービスに関する行政に対する情報提供義務あるいは公表義務は自己責任原則の発現例と位置づけることが可能であろう。また，製品等のリスクに関する下流ユーザー，消費者等に対するリスク関連情報提供の形式として多様な目的で利用される表示・梱包義務（例えば，原材料，含有物質，用途，使用方法等に関する表示・梱包義務）も，自己責任原則の発現形式とみることができる。[185]

(b) 自己監視義務

事業者の自己監視義務を自己責任原則の発現形式ととらえる説は多い。[186]施設の設置・操業その他の事業活動に伴う環境保全に関する監視（特に，法令および認可条件等の遵守の監視）は，公的監視と自己監視（事業者の内部監視と外部の専門的第三者監視を含む）[187]によって分担されるが，行政の人的・財政的資源あるいは技術情報の質・量に限界があることから，基本的には自己監視を強化し，公的監視は補完的に位置づけることが機能的かつ現実的と考えられる。Steiner は，特に，技術の高度化に伴う環境リスクの管理についての公的監視の限界を強調し，自己監視を信頼と管理の妥協的制度と位置づけ

---

183) これを示唆する例として，Hermann, 3 f.
184) COM (2007) 355 final. 9.
185) Kloepfer-2, 98 f.; BT-Drs. 8/3319, 17.
186) UGB-KomE, 731; Kloepfer-2, 75; Franzius-1, 430 ff.
187) Laskowski, 94.

三 その他の論点　*151*

るが，自己監視に対する信頼を第一義として，公的監視が自己監視の履行担保責任機能を果たす。自己監視の制度化は事業者が自らの費用と人的資源によって施設・事業活動を監視することを意味し，自己監視の強化によって企業による環境保全関連の技術革新を誘導する機能をもつ。物質管理の領域でも，Hermann は REACH 規則上の SVHC 関連の排出のモニタリングを物質認可保有者に義務づける考え方の根拠を自己責任に求める。

　制度化された自己監視の内容は多様である。自己監視組織整備義務（例えば，連邦イミッシオン防止法上の環境保全業務担当役員の通知義務（52条 a），要認可施設設置者の環境管理責任者選任義務（53条），事故管理責任者選任義務（58条 a）。水管理法，循環型経済・廃棄物法に類例がある），あるいは法令遵守あるいは目標達成状況の監視を自己監視に委ね，これを測定・記録保持・情報提供義務，管轄官庁に対する証明義務等によって公的監視の下におく方法は，自己監視義務に由来し，環境保全に関する企業意識を高める機能を持つ（連邦イミッシオン防止法上の測定義務（26条以下），排出宣明義務（27条），安全性に関する技術的検査義務（29条 a），排出・イミッシオン関連の情報提供義務（31条），要認可施設の設置者等の行政監視受忍・協力義務等（52条）。循環型経済廃棄物法における規制遵守に関する事業者の証明義務（同法40条以下）等）。

　(c)　リスク管理水準の向上に関する自己責任
　　i　一般的環境配慮・リスク管理責任
　要認可施設設置者の一般的義務（連邦イミッシオン防止法5条）は技術水準

---

188)　Steiner, 1142.
189)　Laskowski, 108 f.
190)　Michalke, 417.
191)　Rehbinder-1, 242 ff.
192)　Hermann, 8.
193)　Steiner, 1133; Michalke, 417 f.; Jarass-3, 622; UGB-AT, 294. 但し，Wellmann は，施設設置者の環境管理組織規制について，企業の自己責任を本質的に強化したものとは評価しない（Wellmann, 56）。
194)　Tettinger, 572.
195)　Laskowski, 95.

(最善技術)の導入によるより高い環境質に対する事前・事後の配慮を含み，施設設置・操業認可の条件として認可時または事後的に具体化されるが，帰責原則の視点からみれば原因者負担原則の発現例，事前配慮をリスク管理水準の観点からみれば予防原則の発現例であるが，併せて，施設設置者のより高い環境質に向けた環境配慮に対する自己責任を含むととらえることもできる。

ⅱ 環境管理・監査システム

環境管理・監査システムも自己責任原則の考え方を基礎とする。このシステムは法律上の義務の水準を超える環境保全水準と透明性の向上に向けた企業の自己責任の履行を目標とし，それ自体は自主的環境配慮の領域に属するが，規制緩和等のインセンテイヴを付与する等の方法で自主的な環境管理・監査システムの導入を法政策的に誘導する場合には，自己責任の下での施設管理に関する事業者責任を強化する制度ととらえることが可能である。例えば，2009年環境法典草案 (UGB-RefE-2009) 24条は，事業認可申請提出資料と法令遵守等の監視についてのEMAS事業所に関する軽減措置の連邦政府に対する授権の根拠を自己責任の促進に求め，Laskowskiも環境に対して危険性を伴う施設の自己監視領域でとらえる[196]。ドイツでは，本来自主的制度を本質とする環境管理システムの質を確保する目的で環境監査法を制定し，認証人・認証機関の質の確保を図るが，自己責任ベースを基調とする一方で，自己監視の質の向上を図るものと評価できる。さらに，EUのEMAS規則改正に伴い，EMAS規則に基づく環境管理監査システムを導入し，登録された企業についての規制緩和制度が導入されたが (連邦イミッシオン防止法58条e，水管理法21条hおよび循環型経済・廃棄物法55条a)，この改正の目的は，企業およびその他国家以外の行動主体の私的自己責任を促進し，自己責任ベースの環境保全の質の向上を図ることにある[197]。

---

196) Laskowski, 93 f.
197) BT-Drs. 14/4599, 87.

c　結語——自己責任原則と伝統的3原則との関係
(a)　協調原則との関係

　Kloepfer は自己責任原則を協調原則の周辺原則の一つと位置づける。協調原則は合意形成を中核とする法政策手法に関する準則の一つであるが，社会の全行動主体が各々の行動領域で役割を分担して環境に配慮する責任を負うとする考え方を前提とすることについては異論が少ない。これを自己責任と表現するか，あるいは社会全体の共同責任と表現するか（例えば，BVerfGE 98, 106; 98, 83）は説が分かれるが，後者によっても各行動主体の自己責任の考え方を基礎とする点で本質的な差があるわけではない。

　協調原則の代表的発現例である環境協定手法についても，Welscher は経済界の自己責任の考え方に支えられるものと評価するが[198]，事業者が，自らの事業活動・製品・サービスによる健康・環境リスクを，将来の技術革新を先取りする形で，公権的規制の範囲を超えて低減するための合意形成は，自己責任原則と不可分の関係にあるとみることができる。

(b)　原因者負担原則との関係

　原因者負担原則は実施義務と費用負担原則を包含する主位的帰責原則で，「環境負荷をもたらしてはならない原則」から派生するとされるが[199]，この原則は帰責領域における原因者の自己責任原則にほかならないと考えられる。

　このほか，自己責任の考え方は原因者負担原則以外の帰責原則に法的根拠を提供する。例えば，製品製造者の物質循環配慮義務（拡大生産者責任）は，政策的あるいは経済学的な観点からは効率性に根拠を求め得るとしても，その法的根拠については説得的説明がなされておらず，製品製造者を原因者に含める方法は原因者概念を拡散させ，その結果原因者負担原則概念を不明確にする危険があるが，自己責任原則によって説明可能である。廃棄物処理の第三者委託の場合における受託者の違法処理に際しての委託者の原状回復等

---

198)　Welscher, 101 u. 284.
199)　Rehbinder-1, 36.

の責任(排出者責任)については，ドイツ法上，受託者は委託者の履行補助者とされるのが原則で(循環型経済廃棄物法16条1項等)，排出者の受託者選任責任を経由する自己責任が貫徹されているとみることができる。

(c) 予防原則との関係

予防原則は国または地方公共団体による環境管理水準決定に関する意思決定の準則として機能する政策原則であり，決定される環境管理水準および管理措置と法・政策目標との間の因果関係の蓋然性が充分とはいえない場合にもその環境管理水準・措置決定を正当化し，国または地方公共団体により高い水準での環境管理権限を認める。ドイツ環境法上は，蓋然性の充分性はje-desto の公式にしたがい，環境管理水準決定によって保護される保護法益が重大であるほど，より重大でない場合に比較して蓋然性の程度は低くて足る。このような「充分な蓋然性」基準にしたがって，充分な蓋然性に相当する健康リスクは危険防御の対象となり，基本権保護義務の射程に属するが，環境リスクと充分な蓋然性に満たない健康リスクは，リスク配慮(狭義のリスク概念)の領域で，基本権保護権限の領域に属する。予防原則はリスク配慮領域での環境管理水準決定を根拠づける準則であり，その限界は社会的受容リスクによって画される。ドイツ法と異なりわが国では一般警察法上の危険防御の考え方が希薄であるが，このような危険防御の対立概念としてのリスク配慮もその根底に自己責任を想定することができる。環境法上のリスク管理の領域では，技術的可能性ないし経済的受容性から公権的な手法，特に，規制的手法に限界があり，将来の技術開発に向けた企業の自己責任ベースの努力が大きな役割を果たす。それ故，予防原則の根底には自己責任原則の考え方が不可欠である。自己責任原則が REACH 規則における化学物質製造・輸入の許認可段階でのリスク評価に関する証明責任を企業側に転嫁する法政策の理論的根拠とされていることも，予防原則と自己責任原則の密

---

200) 拙著『環境協定の研究』85頁以下参照。
201) 拙稿「環境法における国家の基本権保護と環境配慮(3)」167頁以下。

2 統合的環境管理は環境法の原則か？

統合的環境管理（Integrierter Umweltschutz）の考え方は高い保護水準律を目的とし，高い保護水準確保に向けた措置論としての最小化律と最適化律，高い保護水準決定のためのリスクの評価方法としての全体配慮律と結びつくもので，環境法におけるリスク配慮，即ち，予防原則の領域で大きく機能することは一般的に認知され[202]，これを法制度化する方向は先進諸国における環境法の大きな潮流のひとつであるし（第2章参照）[203]，伝統的3原則（予防原則，原因者負担原則，協調原則）と並ぶ重要性を増していることについては異論が少ないが[204]，近年，これを一歩進めて，3原則に加えて，統合原則（Integrationsprinzip ないし Grundsatz des Integriertes Umweltschutz）を環境法の新原則の一つに位置づける説が少なくないし，さらに進めて法原則に高める理解も見られる[205]。環境領域の法律で統合原則を明記した例は未だ存在しないと思われるが，1997年環境法典草案（UGB-KomE）が統合原則を基本的原則と位置づけたものとする評価があり[206]，2009年環境法典草案（UGB-RefE-2009）についても同じ理解が少なくない[207]。UGB-RefE-2009についていえば，目的規定（1条），要認可事業者の基本的義務規定（53条）がその理由とされる[208]。法政策の領域ではドイツ環境省の政策文書「将来に対する責任」（2000年）に初期の例がある[209]。しかし，その一方で，原則としての質に疑問を呈し，あるいは他の原則（特に，予防原則），さらには持続的発展の考え方

---

202) Hansmann-2, 68.
203) 拙稿「統合的環境管理論」305頁以下。
204) Scheidler-4, 16.
205) 統合原則の用語の由来については Kloepfer/Durner, 1085.
206) Kloepfer/Durner, 1085; Volkmann, 368; Rengeling-2, 324; ders.-4, 133.
207) Begründung zu UGB-RefE-Ⅰ, 137; Scheidler-3, 764; ders.-4, 16; Sanden-3, 6.
208) Kahl/Diederrichsen, 1107; Sangenstedt, 509; Calliess-8, 343; Sanden-3, 6.
209) BMU, Aus Verantwortung für die Zukunft, 9 (2000).

との関係で作用領域に重なり合う部分があることを理由として，原則としての独自性を消極に解する理解もある。

(1) 学　　説

統合原則の考え方については，大別して，固有の原則説，持続性原則被包含説，予防原則被包含説がみられる。

a　固有の原則説

Volkmann[210]によれば，環境法上の統合原則あるいは統合的アプローチの最重要の視点は不分割の全体としての環境の保護にある。伝統的規制方式が，環境媒体別の部門法によって，そしてしばしば，目標を異にして各媒体を保護するに対して，統合原則は一体的，全体的に保護し，交互作用を考慮する点で対比される。環境法上の原則は，①多数の個別の構成要素（媒体統合としての媒体を超える配慮方法で，その法律上の輪郭と作用が様々な形で生じ，かつ，その組成物が場合によって独立して互いに作用できるもの）で構成される合成物であること，②環境法上の措置の将来に向けた開放性，③環境法にとって独自性を有する秩序原則としての性格，の三つのメルクマールを満たさなければならないが，統合性は前2者を満たし，第3の要素も，EU法レベルではUVO指令とIVU指令に統合原則の要素があり，ドイツ法レベルでは，すべての公法上の規定との適合性を求める建築認可（HBO 70），連邦イミッシオン防止法上の施設認可（6条1項2号）関連規定，媒体を超える保護目標を求める連邦イミッシオン防止法1条，循環型経済廃棄物法上の製造物の責任（22条以下），建設計画における自然保護法上の干渉規制の統合，基本法20条a等の規定によって満たされる。それ故，統合原則は単なる政策原則ではなく，法原則である。

これに対してSchreiberは，内部統合領域に限定して統合原則の法原則を肯定する[211]。即ち，一般には，原則は立法，判例，法制度に具現されれば積極

---

210)　Volkmann, 363.
211)　Schreiber, 66.

法の性格を持つが、環境法学は歴史が浅いので、環境政策上の指針が法原則に列せられるためには原則に結びつく内容の輪郭が明確であることが必要で[212]、法律上の輪郭と作用が様々な形で生じる合成物の性格ではこの前提を満たさないし、独自性を有する秩序原則としての性格も法原則と評価するには充分でない。統合的環境保護の個々の構成要素を法律化、抽象化について調べると、外部的統合は法原則に当たらないが、環境保護の内部統合は、十分に立法化されており、事実的な視点（例えば、排出の媒体を超える評価、媒体を超える評価を可能とする官庁組織と決定構造）でも、時間的視点でも、法原則として機能する。

　Di Fabio は統合的環境保護を予防原則と持続性原則の間に位置づける[213]。即ち、Di Fabio は Breuer を引用し[214]、統合的環境管理の考え方は、一方で、予防原則の発展と理解される。何故ならば、予防原則は可能な限り多くの関連するすべての環境影響の限界を、可能な限り包括的に、かつ、可能な限り早期に認識し、評価することを求めるが、統合性はこの目的に沿うからである。他方、統合的環境保護の第2の源は持続性の考え方で、持続性の理念は明確性を欠く概念だが、環境保護と経済的合理性を広い意味で統合的に収斂させる。予防と持続的経済成長の二つの理念は必然的に敵対的というわけではないが、現代環境法の二つの極である。Epiney も Di Fabio に同調し、統合的環境保護が予防原則、持続的発展原則の双方と関連させて用いられることを指摘する[215]。

b　持続性原則被包含説

　持続的発展原則は持続性に、統合原則は全体配慮性に焦点を当てる点で各々固有性をもつが、国家の意思決定の場での機能はともに高い水準保護律を本旨とし、国家の環境管理水準決定の場に収斂する点で共通する。

---

212)　Schrader-1, 326（329）も同旨。
213)　Di Fabio-2, 29.
214)　Breuer-6, 462.
215)　Epiney-3, 406.

Sandenは UGB-RefE-2009が目的規定（1条）において統合原則を明記していないことに触れ，統合原則は持続性原則に含まれるという。Frenzは，統合的事業認可を論ずるなかで，持続性は経済に対する影響との調整を含む点で環境保護偏重ではないが，統合性は環境影響を，全体として，かつ，媒体間移動が生じないように考慮することを目的とするから，環境影響の全体的考察を求める持続性の発現という。このほか，Schraderは統合原則と持続可能性原則の関係を論じたわけではないが，外部的統合と持続可能性の等質性を指摘し，Wolffは統合原則を持続的発展のカギとなる原則と結論する。このほか，Rengelingも統合的環境保護が持続的発展との関連でも役割をもつとする。

c　予防原則被包含説

　RehbinderはBPEO（Best Practical Environmental Option）は予防原則の複雑な表現といい，Winterも，EU統合的環境管理指令の考え方はドイツ法における予防の考え方に混乱を生じさせるとし，統合原則が予防原則よりもより優れた解決をもたらす場合は少ないと考えられるという。Scheidlerは，予防原則は関係するすべての環境影響をその限界領域で，可能な限り多く，可能な限り包括的に，かつ，可能な限り早期に認識し，評価することを求め，一方で，持続性の考え方は，拡大された意味での統合で，長期的視野での資源の節約と環境保護を意味するといい，統合原則を予防原則の発展型ととらえる。Wahlも予防原則は連邦イミッシオン防止法が規定する事前配慮（例えば，5条1項2号）より広義で，持続性原則も包括的なものといい，

---

216)　Sanden-3, 6.
217)　Frenz-6, 48.
218)　Schrader-2, 201.
219)　Wolff-3, 362.
220)　Rengeling-4, 22 u. 133.
221)　Rehbinder-6, 95.
222)　Winter, G., 23.
223)　Scheidler-2, 8 f.

統合原則は環境法の他の原則と区別できないという[224]。

このほか，Kraack/Zimmermann-Steinhart は統合的環境保護を予防原則の政策上の適用と位置づけ[225]，Becker も EU 統合的環境管理指令（IVU 指令）についてではあるが，その原則としての位置づけを予防原則（当時のEU 条約130条 r，現174条 2 項）に求める[226]。

(2) 考　察
a 機　能

機能面では，前記の如く，統合的環境管理の目的は高い保護水準律にあり，最小化律と最適化律は高い保護水準確保に向けた措置論に焦点を当て，全体配慮律は保護水準決定のためのリスクの評価方法に焦点を当てるから，リスク管理水準決定にかかわる意味で予防原則と共通する。一方，持続的発展も将来世代を視野に入れた環境保護，経済的発展，社会的公平の総合的調整のもとでの自然資源管理にかかわる理念であるから，環境保護上の国家の意思決定としては高い水準の環境管理を指向する点に差はない。この意味で，統合的環境管理の考え方は，持続的発展と予防原則に対して機能上の固有性を主張できそうにない。

b 作用領域
(a) 持続的発展との関係

作用領域については，持続的発展の考え方と統合的環境管理，特に，外部的統合（政策間統合）の考え方は重なり合う領域が大きいことは否定できない。それ故，重なり合う領域以外に各原則が固有の作用領域を有するかが検討されなければならない。

第 1 に，外部的統合は，環境保護以外の領域における国家戦略・政策において環境配慮を求める側面のほか，その裏側の環境保護領域の国家戦略・政

---

224)　Wahl-2, 503.
225)　Kraack, 362.
226)　Becker, 588.

策における他の領域の国家目標に対する配慮を求める側面を内在すると考えられるが，一般的には前者のみが強調され，後者について論じられることは少ない。その意味で，統合原則（外部的統合）は環境保護に特化した一面性，環境中心性から離脱できていない。これに対して，持続可能性原則は環境，経済，社会領域の戦略・政策目標の同序列での調整を求めるから，多面性，全体調整性の性格をもつ。したがって，外部的統合について環境保護以外の領域における国家戦略・政策において環境配慮を求める側面を強調する限りでは，持続的発展原則は，統合原則に対しては，環境保護領域に経済，社会領域の戦略・政策目標に対する配慮を求める範囲で固有の作用領域を主張できる。

第2に，統合原則は高い水準保護律を追求するために最小化律，最適化律を判定条件とする措置（技術水準等）によるに対して，持続性原則は再生律，代替律，順応律を判定条件として措置を求める。換言すれば，持続的発展は将来の発展のための自然資源上の基盤を侵害する範囲に限って，現在の発展的活動を制限するにとどまる。それ故，最小化律，最適化律によって導かれる環境管理水準が再生律，代替律，順応律によるそれと比較して高度である範囲では統合原則が固有性を主張できるに対して，逆の場合には持続的発展原則が固有性をもつ。[227]

第3に，統合原則は健康リスク，環境リスクの両方を対象とするに対して，持続的発展原則は自然資源を対象とする。持続的発展原則が利用管理の対象とする自然資源（ないし環境財）は大気，水域，土壌を含むから，自然資源管理は結果的に健康リスクの低下をもたらすが，自然資源管理の判定条件は自然資源の再生律，代替律，順応律であって，健康リスクの最小化，最適化ではない。それ故，最小化律，最適化律によって導かれる環境管理水準が再生律，代替律，順応律によって導かれる自然資源管理によるそれと比較して高度である範囲では統合原則が固有性を主張できるに対して，逆の場合には持続的発展原則が固有性をもつ。

---

227) Handl, 80.

第4に，統合原則における環境概念と持続的発展原則における自然資源概念は同義か，それとも異なるのであれば，重なり合わないのはどの部分かが問われる。この二つの概念はともに環境法の不確定概念で，UGB-RefE-2009によれば，環境は「動物，植物，生物多様性，土壌，水域，大気，気候および景観ならびに文化財その他の財（環境財）」と定義され（1条3項），この定義によれば天然資源を含まないかにみえ（自然資源は，無論，天然資源，地下埋蔵物を含む[228]），逆に，自然資源は景観等を含まないかにもみえる。しかし，UGB-RefE-2009は持続的発展の理念を環境財保護に焦点を当てており（4条1号），UGB-KomEでは環境概念が自然財を含み（2条1号），予防原則は資源配慮を含み，連邦イミッション防止法等の部門法は発生抑制の理念を一般化しているから，統合原則における環境概念も天然資源を含むと理解して大過ないと思われる。また，世代間公平の考え方からすれば，自然資源が景観を含まないと解すべき理由も希薄である。それ故，この点では統合原則における環境概念と持続的発展原則における自然資源概念は同義と理解され，この点では，二つの原則の作用領域に差はないと考えられる。[229]

(b)　予防原則との関係

　統合的環境管理は健康リスク，環境リスクの総体を対象とし，かつ，媒体，部門を統合したリスク管理を対象とする。それ故，伝統的保護法益と環境を保護法規とし，かつ，危険防御，リスク配慮，将来配慮を対象とする予防原則の作用領域と重なり，これを超える領域を持たない。

c　小　　括

　以上の検討によれば，統合的環境管理は機能において持続的発展の考え方，予防原則と共通し，したがって，これらに対して固有性を認めることは困難である。

　一方，作用領域においては，統合的環境管理の作用領域は予防原則に含まれる。持続的発展の考え方に対しては，より広い面と狭い面を併せ持つ。特

---

228)　例えば，Ramsauer, 92.
229)　Frenzは持続性原則を環境法と原材料管理の指導的考え方という（Frenz-5, 11）。

に，統合的環境管理が経済的発展，社会的公平との調整を含まないと理解する立場を前提とすれば，持続的発展の考え方より作用領域が狭いが，このような立場は支持できない。しかし，持続的発展の考え方と予防原則との関係については，後記の如く，最近では前者の作用領域は後者のそれに含まれるとする理解が有力である。それ故，統合的環境管理の考え方は環境法におけるリスク管理の局面では重要な視点を提供するが，原則論としてみる限りは，リスク管理の方法論に焦点を当てた予防原則の発現形式の一つと理解できると考える。

3　持続的発展は環境法の原則か？

持続的発展（Nachhaltige Entwicklung）の考え方についても，近年，環境法の新原則の一つに位置付ける理解が少なからずみられる一方で，ここでも概念の不明確性等の理由から国家の環境保護上の意思決定準則としての実質を消極に解する理解，他の原則（特に，予防原則）に対する独自性を消極に解する理解があり，あるいは持続的発展の原則としての独自性を予防原則の作用領域を縮減することによって主張する理解もみられ，総じて言えば，理解が確立しているとはいえない。それ故，以下では持続的発展の考え方を整理し，かつ，他の原則との関係を整理したうえで，環境法における固有の原則としての評価が可能かを分析する。

(1) 持続的発展の考え方

持続的発展の考え方は，生命空間は人口増加，豊かさの限りなき追及等の要因によって自然の限界に突き当たるかもしれないという懸念を背景とする[230]。それ故，より環境法領域に限らず，すべての国家戦略・政策領域に共通し，それ故，単なる環境法領域に矮小化すべきではないことについては異論がないと考えられる[231]。その反面で持続的発展が単なる政策・政策主張上の

---

230) Malthus, 29; Schlacke, 377.

標語，スローガン的利用も少なくなく[232]，用語も一様でなく[233]，概念の多様性，不明確性と概念の具体化の必要性が多くの研究者によって指摘される[234]。持続的発展概念（あるいはコンセプト）を分析するに際しては二つの論点を区別することが妥当であろう。第1は，以下のような経緯，特に，Brundtland報告を契機として展開された持続的発展概念の問題であり，第2は，各国が持続的発展を国家戦略・政策に具体化する法政策の問題である。前者は社会科学的分析の対象であり，その概念は国際的に統一的理解に収斂すべきものであるに対して，後者は各国の経済，社会，環境上の目標の発展段階に応じて差異が認められる政策問題である。以下では，持続的発展の考え方の成立経緯を概観し，その概念を分析したうえで，EU，ドイツおよび我が国における法政策上の位置づけを検討する。

a 経　緯

(a) 国際法レベル

持続的発展の考え方自体は1972年ストックホルム宣言以前から提唱されてはいたが[235]，Brundtland報告書・WCEDによる「将来世代がその需要を満たす能力を損なわない形で現在の要求を満たす発展」とする理解を契機として[236]

---

231) Theobald, 442; Ronellenfitsch-2, 389; Frenz-6, 49.
232) Schlacke, 377; Bückmann-2, 98 f.
233) 例えば，Konzept der zukunftsfähigen Entwicklung (Beaucamp, 8), Grundsatz der nachhaltigen Entwicklung (Frenz-4, 143), sustainability (Rückmann/Roga11, 121), Growth, Sustainable Profits (Binswanger, 1) 等。
234) Willand, 35; Theobald, 440; Di Fabio-2, 29; Leidig-2, 375; Ketteler, 517; Schlacke, 377; Sieben, 1173; Murswiek-8. 417 (2004); Frenzel, 10; XX, Mitteilungen, NuR 2002, -Heft 8, III. Geissらは，2003年の論文で，ドイツにおける持続性の定義が70を下らないという (Geiss, 31)。
235) Schröderは1967年国連総会から1972年ストックホルム宣言（序文第4および第8＝12原則）に到る過程に遡り (Schröder-2, 252 ff.; Streinz, 450も同旨)，Weeramantryは1971年Founex専門家会議から世界環境宣言に到る経過に起源を求め (Weeramantry, 162)，RonellenfitschらはBrandt報告書（1980）からローマクラブの「成長の限界」に遡る (Ronellenfitsch-2, 386; Schrader-2, 201; Sanden-2, 62)。
236) Brundtland-Kommission, Weltkommission für Umwelt und Entwicklung (1987); WCED, Our Common Future, 43 (1987). Theobald, 439参照。

リオ会議で合意された五つの文書（リオ宣言，アジェンダ21，気候変動防止枠組条約，生物多様性条約，森林原則宣言）[237]に規定され，その後国際的な環境政策・発展政策の鍵となる概念となったとされる理解には異論が少ないと考えられ[238]，現在では，多くの国際多国間条約で持続性の考え方を規定しており，EU法にも定着している。

(b) ド イ ツ

ドイツでは，言語的には16世紀頃から"nachfolgen, nachstellen, nachtraglich vorhalten"の形で用いられ，1800年頃からは「持続的（nachhaltig）」の形容詞形式で用いられたとされる[239]。持続性の理念は18・19世紀のプロイセンとザクセンの森林管理に起源があり[240]，そこでは木材を成長可能な範囲を超えて伐採しないことを意味した[241]。他の分野で使われるようになると，一定期間内における in-put と out-put が同等であることと定義されるようになったといわれる[242]。このように，ドイツ法上は国際法における持続的発展概念の登場以前から，既に持続性の概念が存在したが，Brundtland 報告書，アジ

---

237) Adoption of Agreements on Environment and Development: Non-legally binding authoritative statement of principles for a global cpnsensus on the management, conservation and sustainable development of all type of forests, ILM 31 (1992), 882.
238) Ruffert, 208; Hohmann, 311; Theobald, 439; Weeramantry, 162; Calliess-3, 141; Epiney-3, 202; Rehbinder-15, 159.
239) Pfeifer, W. (Hrsg.), Etymologisches Wörterbuch des Deutschen (M-Z), 2. Aufl., 905 (1993); KLUGE Etymologisches Wörterbuch der deutschen Sprache, 24. Aufl. (Bearbeitet von Seebold, E., 579 (1995). Frenzel, 19参照。
240) BMU, Umweltbericht 2998, 6; Rehbinder-15, 161; Schröder-1, 67 ff.; Freimann, 329; Birnbacher/Schicha, 149; Grossmann, 45; Tremmel/Laukemann/Lux, 432; Leidig-2, 374; Ronellenfitsch--2, 386; Kloepfe-13r, 67. Ketteler は1713年フライベルグ鉱山計画にみられるという（Ketteler, 157）。SRU, Gutachten 1996, 50; UBA (Hrsg.), Ziele fur Umweltqualität, 7 (2000); Viertel, 543; Hoppe/Beckmann./Kauch, 23参照。
241) Duden, Das große Wörterbuch der deutschen Sprache, Bd. 4 (1994); Reinhardt, 94; Tremmel./Laukemann/Lux, 432.
242) Tremmel/Laukemann/Lux, 432.

ェンダ21等を契機として，従前とは異なる形で持続性に向けた議論が活発化したことは疑いがない。

　ドイツ法上，持続的発展の発現形式は，少なくとも部分的には基本法20条 a にみられる。[243] 環境法の分野では，前記の持続的森林管理の考え方が現行連邦森林法に承継され（1条，11条，41条2項），現在では，単に木材としての森林保護を超えて，多機能的自然財としての森林保護を目指す概念となっているが，[244] このほか持続的発展の理念を具体化する環境法の規定は少なくない。[245] 例えば，連邦自然保護法は目的規定において自然財の再生能と持続的利用能の永続的確保を規定するほか（1条2号），持続性規定を数多く含む（2条1項2号，4号，5号，3条2項，5条4項ないし6項等）。水管理法も2002年改正で全体として持続的発展の保障を目的の一つとし（1条a，1項），連邦土壌保全法も土壌機能の持続的確保・修復等を目的とするとともに（1条），農業上の土壌利用の準則として善良な慣行による配慮義務を課し，この善良な慣行の原則を自然資源としての土壌の豊穣性と給付能の持続的な確保と定義する（17条1項，2項）。循環型経済・廃棄物法も物質抽出による原材料代替をマテリアルリサイクルに含めること（4条3項1文），5条5項2文2号処分に対するリサイクルの優位性の例外につき自然資源節約目的を配慮すること（5条5項2文2号）等に持続性の考え方を含む。[246] また，再生可能エネルギー法もエネルギー供給の持続的発展を目的の一つとするし（1条），[247] 刑法典中の環境刑法規定も持続性の概念を含む（325条4項等）。しかし，環境法に共通する持続的発展の定義規定は存在せず，右の各法では自然資源利用ないし資源経済に焦点を当てられており，この点は基本法20条 a

---

243) Kloepfer-8, 78; Bernsdorf, 332; Frenz-3, 37; Westphal, 341; Calliess-3, 121; Schlacke, 377; Ronellenfitsch-2, 389.
244) Birnbacher, 152.
245) Streinz, 469 ff.; Bückmann/Rogall, 122.
246) Schröder-1, 72.
247) Erbguth-1, 673; ders-2, 1088; ders.-3, 120; Schink-2, 221; Beaucamp, 245; Ketteler, 519; Schlacke, 377; Sieben, 1173; Ronellenfitsch-2, 386.

も差がない。

　現在では持続的発展の考え方は環境法以外の法領域でも少なくない。特に，1997年改正国土計画法（BGBl. S. 2081/1997）は国土計画の原則（2条1項）として持続的国土開発の指導理念（Leitvorstellung: 1条2項）にしたがうことを求め，これを「空間に対する社会的・経済的要請がその環境上の機能と調和すること」と定め（同法1条2項に対する立法理由書は経済，社会，環境の3要素を同序列と位置づける）[249]，現行建築法典も，建設計画が都市建設の持続的発展を保障すべきことを求め，その都市建設の持続的発展は，将来世代に対する責任においても，社会的，経済的，かつ，環境保護上の要求事項が相互に調和する旨を規定する（1条5項1文）[250]。この国土計画法と建築法典は持続的発展を社会，経済，環境の3本柱の調和ととらえる点で共通する。このほか，鉱業法も世代間の持続性の思考を有し（1条），原料供給の長期的確保の観点から経済と社会の要請との調和の考え方を持つと説明される[251]。

　(c)　我　が　国

　公害対策基本法における調和条項（1969年改正で削除された）が，表現は異なるし，また，当時では自然資源管理，世代間公平の考え方は希薄であったが，経済と環境の調和という理念の範囲では持続的発展の考え方と本質的に異なるものではなかった。この調和の理念は調和条項削除後も，観念的には，当然の事理と考えられるが，現在では環基法に持続的発展の理念として規定されている（例えば，3条，4条）。また，環境影響評価制度における統合的環境管理の考え方は，事業アセス，戦略アセスを含めて，持続的発展の考え方と一致する[252]。

---

248)　例えば，Bückmann-2, 155 ff.
249)　BT-Drs. 13/66392, 78.
250)　Erbguth-2, 1082 f.; Mitschang, 15.
251)　Frenz-5, 100.
252)　Erbguth-2, 1084; Erbguth/Schink, 205 f.

b　持続的発展の概念

(a)　学　　説

代表的なドイツ学説として Murswiek, Frenz, Leidig, Theobald の考え方を概観すると以下のとおりである。

　i　Murswiek 説[253)]

持続性はリオ宣言以降環境政策の基本的概念とされ，持続性原則は基本法20条 a の構成要素として存在すると考えられるが，法的に形成された指導原則としては未だ認知されているとはいえないし，持続性原則の内容が不確定であることから，実務上の意味も見出されていない。環境政策上の持続性目標が経済的目標である発展によってどのように相対化されるかについては争いがあり，持続性原則は，ヒトの生命基盤としての自然資源（公共・環境財）の持続的，かつ，世代を超える確保を求めるが，このことは将来世代のためにも持続的な利用可能性の維持ないし修復を意味する。発展が持続的に可能となるためには，その基盤が破壊されてはならないから，持続的発展のコンセプトでは，経済的・社会的発展が環境保護に対して優位を示すわけではなく，両者は，環境財が維持され，かつ，発展のポテンシアルが維持されるように調整される。

持続性原則は環境利用原則ないし資源管理原則で，自然資源の存在と利用可能性を長期的かつ世代を超えて維持することを目的とする[254)]。一方で環境財の使用を命じ，他方で環境財を後世代に利用できないような形で侵害的に利用することを禁じる。このことから，自然財の利用は持続的な利用を維持する範囲に限る。

持続性の目標は以下のとおりである。

　a）　再生可能資源の採取率は自然の成長率ないし再生率を超えないこと

　b）　物質投入とエネルギーの放出は自然の受容容量ないし順応容量を超

---

253)　Murswiek-4, 417; ders.-6, 641 ff.; ders.-7, 176 ff.; ders.-8, 417.
254)　Murswiek-8, 428 ff.

えないこと

　c） 非再生可能資源の使用は，同機能代替物を使用ないし，作出できる範囲に限り（代替性原則（Substitutionsgrundsatz），非再生可能資源を節約すること（節約性原則（Sparsamkeitsgrundsatz）ないし使用最小化原則（Verbrauchsminimierung）

　第1，第2原則との関係では，持続性原則は資源の負荷可能性の限界を定めることが理想である。それによって，一定の環境財に対する負荷限界を定める持続性の目標が具体化され，利用可能性の範囲が導かれる。一定の環境財（例えば，CO_2）について最大負荷量が定めることができれば，利用権能が制限され，配分される。

　持続性原則から直接行動規制が生じることはない。原則を立法上具体化する過程で判定条件を定めなければならないが，この判定条件は持続性の考え方だけに基づくものではない。持続性原則は環境財の負荷総量ないし認められる総利用量の限界を決める。経済プロジェクトの環境利用権の限界を定めるという意味で最低原則である。しかし，負荷可能性の最大限界までの環境侵害を法的に許容することを意味しない。持続性原則は，政策的・法的観点からの国家の資源管理の限界を画するとともに，負荷限界と定められた最低基準を超える環境保護を不可欠とし，さらに，環境利用の環境影響評価は，現時点に限らず，世代を超える長期的視点を確保しなければならないという意味で，認識水準に相当する環境上の最低限度を超える環境保護を可能とし，かつ，これを求める。

　リオ宣言は，環境的持続性（ökologische Nachhaltigkeit）といわず，持続的発展（nachhaltige Entwicklung）というから，自然の生命基盤の維持の目標は経済的発展，社会的公平性の目標と同等に位置づけられる（3本柱モデル）[255]。自然資源の維持，経済的発展，社会的公平性の創出，特に貧困の除去は，同等の政策目標で，その全体を持続的にかつ世代を超えて実現すべき

255）　Murswiek-6, 642.

ものである。問題は，三つの柱の多様な政策目標を統合する合理的基準がない点にある。侵害が可能な限り少ない形で三つの目標を最適化するとする理解もあるが，目標は比較可能ではないから，合理的な考量はできない。目標の実現は政策内部にとどまり，他の者の費用でのみ目標を実現でき，これを拘束力のある形ではできない。このような基盤を法的に移しかえることは不可能である。

ii Frenz 説

持続的発展は単なる環境原則に矮小化すべきではない。持続的発展は，EU法レベルでは，Brundtland委員会報告（1987年）における，現代世代の需要は将来世代の能力を奪わないよう履行すべしとする国際法上の考え方に由来する。これは経済的，環境的，社会的局面を含む点で目的に3局性をもち（BT-Drs. 13/7054, 1），純環境上のコンセプトではなく，また，GA Légerが強調するように，発展と環境を対立的にとらえるのではなく，相互に調整した方法で発展させることをいう。その意味で環境保護偏重ではなく，経済に対する影響と関係づけることを求める。持続的発展にとって長期的に計画された措置が不可欠で，そうでなければ，将来世代の利益に応じることができない。単に，現存しまたは具体的に予測される環境侵害に限らず，現時点ではかげろうのようにしか認識することができない展開（自然資源が30-40年で危険にさらされるというような）に対処するのでなければならない。それ故，アジェンダ15原則にいう予防原則の広範な適用を要する。

iii Leidig 説

Leidigによれば，環境計画法上の決定の判定条件としての持続性は，「す

---

256) Schröder-2, 255-8; Erbguth-2, 1083; Ketteler, 513; Streinz, 451.
257) Menzel, 308.
258) Tremmel/Laukemann, 433.
259) Frenz-6, 48 f.
260) Storm-3, 9.
261) GA Léger, EuGH, Rs. C-371/98 Rn. 57; Frenz-6, 48.
262) Leidig-1, 235; ders.-2, 371 ff.

べての国に公平な発展のチャンスを与え，自然の生命基盤を将来世代のために保障するために，経済的給付能力（経済システム），社会的責任（社会的システム）と環境保護（環境システム）を結集させることを目指す概念で，人間中心的環境と自然環境の間の反応関係の管理・形成のための指導理念として，発展政策上の展望と世代間の公平という二つの切り口を求める。一般的には，現代・将来世代の経済システムは自然の環境との関係をもつことを目標とし，このため，企業の環境管理に関しては，再生（再生可能エネルギーの利用），代替（再生できない自然財は，その機能が他の財またはエネルギーで代替できる範囲に限って利用すること），順応（物質・エネルギーの排出はエコシステムの順応能力を超えないこと）という三つの基礎的規制が利用される。この概念は，現在および将来の社会システムに妥当する啓蒙的枠組を定める哲学的・倫理的なコンセプトで，一定の哲学的・倫理的発想に基づくものというよりは，多数の考え方から総合的に導かれたもので，資源配分，世代内・世代間の自然資源利用配分，技術革新等を目的とする責任原則を中核とする。

このように理解したうえで，Leidig はこの概念が現代の経済・社会・環境管理システムの革新能力を有するか，あるいは魅力的ではあるけれども無内容の政策上のプロパガンダ（Leerformel）に過ぎないのかを自問し，概念が極めて一般的な性格で，意味内容が多様，確定性を欠くために，解釈の多様性を容認せざるをえないこと，理論的に一貫した構造でないこと，基本構造が人間中心的で，ディープエコロジーがいう環境中心性をもたないこと，対立的目標設定の調整・解決メカニズムをもたないこと等の13の理由を挙げて，消極的に評価し，効率性を欠くために，環境計画法の領域では，指導的性格の決定の判定条件として適切とはいえないと結論する。

iv　Theobald 説[264]

Theobald は，持続的発展概念の多様性を認めたうえで，経済，社会，環

---

263)　BMU, Nachhaltige Entwicklung in Deutschland (1998); Wolff-1, 67; Wagner-3, 34; Freimann, 329; Theobard, 439; Leidig-1, 235.
264)　Theobald, 439 ff.

境分野の行動主体の調和ととらえ，諸学説の分析から，その判定条件として以下の点には最小限の合意があるという。

　ア　再生可能資源の使用に際して，その再生能力を超えないこと
　イ　土地と水の使用と輸送能力を長期的損害が生じないような水準で安定化させること
　ウ　再生不能資源の使用は絶対的に低減すること
　エ　環境の吸収能力に過大な要求をしないことおよび種の多様性を減少させないこと
　オ　大きなリスクを発生抑制すること

(b)　考　察

ドイツ学説および後記政策文書等を参考として概念を整理すると以下の如くである。

1) 持続的発展の考え方は，環境法内部で妥当すると同時に，環境法以外の領域に共通する。その意味で，一般的持続性とその環境保護部分の持続性の二つの要素をもつ。[265]

2) 一般的持続性

i　持続的発展の考え方は，経済発展，社会的正義（公平），環境保護の目標を三つの柱として（Drei-Säulen-Modell），[266]ないしは不可分の統一体として，[267]その総合的な調和のもとで自然資源（ないし自然財，自然資産）を持続的に管理することをいう。この意味で自然資源管理のコンセプトである。但し，右の経済，社会，環境の三つの柱は狭義に解してそれ以外の分野を除外する趣旨ではなく，要すれば，国家のすべての戦略・政策目標の表現形式である。[268]社会的正義は世代間公平のほか，現世代における公平（例えば，貧困

---

[265]　Erbguth-2, 1086; Menzel, 308.
[266]　Schrader-2, 201; Murswiek-6, 642.
[267]　BT-Drs. 13/7054, 6 (1997).
[268]　三つの柱のほか文化的局面を挙げる説もあるが（Gallas, 442; Schröder-1, 65; ders. -2, 257; Rehbinder-6, 96; Tremmel/Laukemann, 432; Bückmann/Rogall, 126），三本柱モデルは文化的局面を排除する趣旨ではない。

を含む。三つの柱は本来対立的であるが，これらを相互調整した形で発展させ。経済発展と社会的公平を高めつつ，環境保護の水準も高める考え方である（絶対的デカップリング）。発展と環境を対立的にとらえるのではないことがしばしば強調されるが，調整を求める点では言葉の綾以上のものではあるまい。重要な要素は各柱が他の柱に対して優先序列を持たない点にある。自然資源は狭義の資源（森林，海洋資源，天然資源を含む）と人為的活動に伴う排出物（環境負荷物質，CO_2，廃棄物を含む）の受け皿としての環境財を含む。

ⅱ　持続的発展の具体的内容は，①再生律（再生可能自然資源は再生能力の範囲で利用すべきこと），②代替律（再生不能自然資源はその機能を他の物質またはエネルギー源で代替できる範囲で利用すべきこと），③順応律（物質，エネルギーの放出はエコシステムの順応力の範囲で利用すべきこと）ないし節約律の3点に集約される。この考え方は，要すれば，発展はエコシステムの再生能を超えてはならず，物質・エネルギー使用は自然の受容能力をこえてはならないとすることを意味する。

ⅲ　経済的発展，社会的正義（公平），環境保護の三つの柱の各々は，いずれも対等序列で，他の柱に対して優位性を有しない。

ⅳ　環境上の持続的目標は環境と経済発展，社会的正義との考量を求められるが，いずれの局面においても定量的評価基準は存在せず，現実には魔術的調整を必要とする（持続性の魔術的3角性）。

ⅴ　世代間に優位性はない。即ち，現代世代は将来世代における公平な自

---

269) GA Léger, EuGH, Rs. C-371/98 Rn. 57; Frenz6-, 48.
270) 例えば，Köck, 425.
271) Krämer, 63; Schröder-2, 257; Ehle, 154; Beaucamp, 20 ff.; Erbguth-6, 1083; Mitschang, 21; Calliess-3, 142; Frenz-5, 16 u. 11; Schlacke, 377; Güttler, 233; Ronellenfitsch-2, 385 u. 389; Frenz-6, 50. EU条約が三つの柱に同序列性を与えることにつき，EuGH C-371/98, Rn. 46; Frenz-6, 50.
272) Leidig-2, 375; Menzel, 308.
273) Menzel, 308.

然資源利用を妨げてはならないと同時に，将来世代における自然資源利用のために現世代を犠牲とすべきことを意味しない。[274)]

3）環境法内部の持続性

経済的発展と社会的正義との調和を図るべき環境保護目標は，環境法内部で交互作用，移転効果を含む考量により，健康・環境リスクの最小化・最適化が図られなければならない。統合的環境管理はこの領域で機能するが，ここでも定量的評価基準は存在しない。

4）持続的発展は現世代の人間中心的価値評価の帰結であり，将来世代がこの価値評価を維持する保障は存在せず，[275)]この点に持続的発展の限界がある。このことは「持続的発展」という美化された概念が，そこに内蔵される3本柱の一つである社会的正義に対する配慮，特に，人口増加，限りなき豊かさの追求という現実に直面した地球の受容能力の限界に対する配慮なくしては実現しないであろうことを意味する。[276)]

c　各国における法政策上の位置づけ

持続的発展概念，特に，環境保護，経済発展，社会的公正の調和を各国がどのような形で法政策に取り込むかは，各々の経済，社会，環境の現実の差を踏まえて各国が決定すべき問題である。[277)]

(a)　EUにおける統合条項と環境保護優位論

EU条約（1987条約）は環境保護の要請を他の政策の構成部分と位置づけ（130条r2項2文），環境政策に高い価値を与えた。その後マーストリヒトで健康保護についても同趣旨の規定がおかれた。この統合条項（Integrationsklausel. 横断条項（Querschnittsklausel）ともいわれる）は統合的環境保護，

---

274)　Ronellenfitsch-2, 389. 持続的可能性と世代間公平との関係につき，Tremmel/Laukemann/Lux, 432.
275)　Leidigはこのことを「持続性，即ち，世界の永遠性に向けた努力を熱心に追及することは危険な幻想に終わるというデイレンマを伴う」と表現する（Leidig-2, 376)。
276)　Malthus, 29参照。
277)　Rehbinder-15, 159.

特に，外部的統合の考え方を基礎づけるが，Zuleeg は，環境保護に関する EU 法は最低規準を定めるにすぎないといい，統合条項から，「可能な限り最善の環境保護原則（Grundsatz des bestmöglichen Umweltschutzes）」を導く（但し，ドイツ法上はこの原則が一般的に認知されているわけではない）。

このEU条約に規定される持続的発展（2条3項）については，経済，社会と環境保護を同序列に位置づけるとする理解のほか，環境保護の原則的優先性の主張が存在する。例えば，Scheuing は，横断条項は法的には射程範囲が広く，これによって EU 全体が環境保護共同体となったといい，カルテル部門を含め，すべての領域は環境適合型でなければならず，他部門の政策目標が環境保護と抵触する場合には，EU のすべての目標に対して環境保護の特別の序列，即ち，原則的優位性が与えられるという。Scheuing は可能な限り最善の環境保護原則を，EU 立法者に対する行動指示として，また解釈準則として発展させた考え方とし，bestmöglich を最適（optimal）と理解したうえで，絶対に達成可能な環境保護水準によるのではなく，高い環境保護水準によるものとする。

しかし，このような理解には消極説も多い。例えば，Epiney は，EU 政策における環境保護の包括的かつ卓越した重要性を承認するが，横断条項は環境政策上の要請「も」考慮することを求めるに過ぎず，ある部門の政策形成が重大な環境侵害を結果する場合あるいは結果として環境政策上の視点を配慮しないことになる場合には考量律に反することを意味するにとどまるとし，そこから目標の序列関係，環境政策上の要請の相対的優位性を導くことには消極的である。Calliess も持続的発展の考え方の立法化手段と位置づけ

---

278) Kloepfer-11, 204.
279) Zuleeg, 280 u. 283.
280) Frenz-3, 37.
281) GA Léger, EuGH, Rs. C-371/98, Rn. 46; Kahl-3, 1720; Frenz-6, 50.
282) Scheuing, 176; Calliess-6, 1816; Epiney-1, 500.
283) Scheuing, 176 u. 192.
284) Güttler, 233; Krämer, 63; Ehre, 154.

るが，実務的には執行性が乏しいという。Frenzも，確かに，条約は持続的発展を基本的構成要素と規定するが，これは決定的効力を認める意味ではなく，配慮を認めるにすぎず，環境保護の優先性を認めるわけではないという。

(b) ド イ ツ

持続的発展に対するドイツの法政策側の対応を概観すると，アジェンダ21対応の初期段階では，持続的発展委員会（Kommission für nachhaltige Entwicklung），Enquete委員会（BT-Drs. 13/1533），環境・自然保護・原子力省（BUM）の諮問機関である環境専門家会議（Rates von Sachverständigen für Umweltfragen: SRU），地球規模の環境変化に関する連邦政府助言機関（WBGU）等が議論を先導したが，3本柱論（Enquete委員会）と持続的環境適合型発展論（BMU，SRU）の二つが対立する。前者は前期持続的発展の考え方に沿うが，後者では，「持続的環境適合型発展」概念によって自然資産利用に関する将来世代に対する配慮を強調する一方で，例えば，世代間契約論にみられるように，その主張は観念的で，国民と人類の経済論，社会的要請に対する配慮は，総じていえば，後退している。

---

285) Epiney-2, 500.
286) Calliess-1, 564.
287) Grabitz-1, 447.
288) Frenz-1, 223; ders.-6, 50.
289) 初期段階のドイツ政策文書では"sustainable"はtragfähig, dauerhaft, zukunftsfähig, umweltverträglich等の用語（Quennet-Thielen, 9）が，また，"sustainable Development"は環境適合型発展（dauerhaft-umweltgerechten Entwicklung, nachhaltig zukunftsverträglichen Entwicklung, nachhaltig umweltverträglichen Entwicklung）等の用語が当てられることが多かったが，持続的発展（nachhaltige Entwicklung）の用法もある。前者が環境保護優位性を意識したものか，あるいは，例えば，我が国で初期段階に持続的開発の訳語があてられたと類する，単なる理解の問題に過ぎないかは，重要でない（Frenzel, 49）。
290) Quennet-Thielen, 17 ff.
291) WBGU: Wissenschaftlichen Beirat der Bundesregierung Globale Umweltveränderungen. Frenz/Unnerstall, 137 ff. 参照。

i　Enquete 委員会の 3 本柱説

1998年に連邦議会に提出された最終報告書において，持続的発展概念を環境，経済，社会的目標の統合的処理といい，所謂環境，経済，社会の3本柱 (Drei-Säulen-Modell) ないし目標の3局性 (Zieldreiecks)[292] の考え方を基礎づけた。即ち，Enquete 委員会によれば，持続性の政策は一局面を超える問題分析に基礎を置く戦略的挑戦と概念づけられる。個別部門の伝統的，かつ，部分的な最適化を単一の手続に統合し，その手続のなかで環境，経済，社会的目標の統合的な処理が確保されるべきである。このためには3局面間と目標設定間の相互関係と交互作用が調査，記述，配慮されなければならない。その部門における要請にしたがった個別の部門政策をとりあげ，社会のすべての事象の相互依存関係を弱めることは，現実性が乏しい。それ故，個別問題の環境，経済，社会の局面は，結局のところ，個々の作用領域に対する様々な視点をいうにすぎないのではないか。[293]

ii　BMU の持続的環境適合型発展論

BMU は，1992年の国連リオ会議報告書において，持続的発展の理念を持続的環境適合型発展と位置づけ，[294] その後これを踏襲するものが多い。[295]

1994年の「持続的環境適合型発展に向けた政策（総括）」と題する政策文書は，持続的環境適合型発展の表題を用いるが，持続的発展のコンセプトをヒトの経済的，社会的生活条件の向上を自然の生命基盤の確保と一致させることを意味するものととらえ，環境保護は最後の序列ではなく，それぞれの発展の統合された構成要素と位置づける。[296]

---

292)　Huber, 32; Frenzel, 50.
293)　BT-Drs. 13/11200, 28 ff.
294)　BMU, Umweltpolitik: Bericht der BR. über die Konferenz der VN für Umwelt und Entwicklung im Juni. 1992 in Rio de Janeiro (1992).
295)　初期段階のものでは，Schritte zu einer nachhaltigen, Umweltgerechten Entwicklung: Berichte der Arbeitskreise anläßlich der Zwischenbilanzveranstaltung am 13. Juni 1997 (1997)。
296)　BMU, Politik für eine nachhaltige, umweltgerechte Entwicklung, Zusammenfassung, 9 (1994).

1997年国連特別総会報告書「ドイツにおける持続的発展への道」では，環境，経済，社会的安全性を不可分の統一体ととらえ，1994年の前記理解を踏襲し，経済的，社会的生活条件の向上は自然の生命基盤の長期的な確保と調和しなければならず，環境適合型生活と経済は少なくとも以下の三つの判定条件を満たさなければならないと述べる。この考え方はSRUによって「環境優位の持続性概念の重要性を示すもの」と評された。

　1）再生可能自然財の利用は，持続的に，その再生率より大きくてはならない。

　2）再生不能自然財の利用は，持続的に，その機能の代替物より大きくてはならない。

　3）物質，エネルギーの放出は自然環境の順応力より大きくてはならない。

　1998年環境報告書は，自然の生命基盤の維持は環境政策だけではなく，すべての国家行動の横断的な責務と位置づけ，持続的発展は経済的発展，社会的安全性を自然の生命基盤の保持と一致させることをいい，持続的発展の考え方は将来世代を含めた同胞と被造物の保護に対する責任に基盤をもつという。ここでは持続的環境適合型発展概念は用いられていないが，持続性の管理規範として挙げる以下の3点の内容は1997年国連特別総会報告書と本質的な差はない。

　1）再生：再生可能自然財（例えば，木材，漁業資源）は，持続的に，その再生能力の枠内で利用することが認められる。

　2）代替性：再生不能自然財（例えば，鉱物，燃料資源）は，持続的に，他の物質またはエネルギー源でその機能を代替できる範囲に限って利用することができる。

　3）順応：物質，エネルギーの放出はエコシステム（例えば，気候，森林，

---

297)　BT-Drs. 13/7054, 6 ff.
298)　BT-Drs. 14/8792, 67.
299)　BR, Umweltbericht 1998, 6 f.

オゾン）の順応力より大きくてはならない。

　また，2002年「国家持続性戦略」においても，一種の世代間契約の考え方を基礎として，連邦政府は持続性を現代の責務と認識し，政策の基本原則に位置づける。[300]

　iii　SRUの持続的環境適合型発展論

　i）　SRUは1994年報告書において持続的発展を持続的環境適合型発展（dauerhaft-umweltgerechte Entwicklung）ととらえ，経済的，社会的，環境的発展の内部的統一体（eine innere Einheit）とみて，持続的発展の指導概念を予防律とのかかわりのもとで考察し，循環モデルを提唱する。[301] 即ち，右報告書によれば，経済も社会も環境システムの受容能力に対する調整プロセスを含まなければならず，環境システムの受容能力に対する発展の持続的達成の基準となる倫理的カテゴリーは全体的結合律であり，循環モデルは以下の二つの要素で構成される。このような循環モデルは経済の生産性の向上可能性を，原則として，失速させず，この条件を保障する結果として，長期的，持続的に生産性向上の可能性に道を開く。

　a）　資源の利用はその再生率またはそのすべての機能の代替率より大きくてはならない（節資源）

　b）　物質の放出は自然媒体の受容能力より大きくてはならない（受容性）

　ii）　次いで，SRUは1996年報告書において，再度，持続的発展の概念を持続的環境適合型発展と位置づけ，しかし，持続的環境適合型発展概念にせよ，持続的発展概念にせよ，いずれも無定型な形で決まり文句として用いられているために，批判も多いので，この概念の内容を明確にすることが重要と述べた。

　iii）　さらに，2002年に，即ち，アジェンダ21以後，学問上も政策論上も，持続的発展概念がインフレ化し，かつ，無定形に使用される傾向が顕著で，

---

300)　BT-Drs. 14/8953, 5 ff.
301)　SRU, Gutachten 1994, 9 f. u. 47 ff.

改めて持続的な環境適合型発展のコンセプトの基盤を考え直さなければならないとの問題意識にたって，持続的発展概念を再度整理・分析し，強い持続性（starker Nachhaltigkeit）の概念を主張し，かつ，ドイツの政策に大きな影響を与えた3本柱コンセプトを批判する。[302]

これによれば，持続性は自然資産と長期的にかかわりを保つための規範的理念であり，世代間公平の基本理念を基盤とするが，これが正確に何を意味するかについては，概念レベルで，弱い持続性，強い持続性，中間的理解の間で対立がある。この対立は，自然的物的資産間の代替可能性，損害の代償，将来における事象の非継続性に関する前提認識の差に起因するが，強い持続性論によれば，消費されてしまった自然資産は他の資産（例えば，物的資産，人的資産）と代替できないのが通例であるから，現在の自然資産が，原則として，コンスタントに保持されなければならない。これに対して弱い持続性論によれば，将来世代に全体として完全なキャピタルストックを残す義務だけを承認するから，原則として，無制限に他の財によって代替できる。しかし，SRUの理解によれば，将来世代の前払いを伴う弱い持続性の伝統的なコンセプトは，同等の幸福（福利）の機会と同等の選択の自由と一致しない。将来世代の利用にかかわる非継続性も，弱い持続性の考え方よりよい形での問題解決の可能性がでてくるとする推定が成立する範囲でしか正当化できないと考えられるから支持できない。それ故，SRUは原則として強い持続性の立場を採用し，社会的，経済的関連に斟酌したうえで環境に焦点を当てたコンセプトとしての持続的な環境適合型発展のコンセプトを支持する。

一方，Enquete委員会1998報告に代表される3本柱モデルは，環境上の要請を引き上げて，経済的，環境上，社会的発展の同序列とする点に中核があるが，[303]同序列性が現実に保障されるかには疑問があり，現実には経済の要素

---

302) SRU, Umweltgutachten 2002, 21 u. 59.
303) Hüther/Wiggering, 74.

が第1に位置づけられるのが常で[304]，全ての政策分野で3本柱の統合関係に環境保護の統合が組み込まれているかは疑わしい。それ故，3本柱モデルは，現実には，一種の欲しいものリスト[305]になってしまっている。このため，環境優位の持続性概念が重要度を増している[306]。

(c) 我 が 国

我が国では3本柱論に対するアンチテーゼとしての環境保護優位論を根拠づける規定は存在しない。EUおよびドイツでは，環境保護優位論の論拠として援用できるEU条約上，あるいは基本法上の環境保護規定が存在するが，我が国ではそうではない。持続的発展の考え方は，単に環境法領域に限って妥当するわけではないから，環境法内部の根拠だけでその他の柱に対する環境保護の優位性を論拠づけることは困難である。しかも，環境法体系内部でも，環境基本法施行後の現在でも，特に，施設起因リスク管理領域の部門法は環境自体を保護法益とせず，それ故，これらの部門法上は自然資源保護ないし管理の理念が存在していない。このような法体系のもとでは，環境保護優位論の基盤は希薄というほかない。

(d) 考 察

環境保護優位論は「持続的環境適合型発展」概念によって自然資産利用に関する将来世代に対する配慮を強調し，国民と人類の経済的，社会的要請に対する配慮を，総じていえば，後退させる。しかし，SRUの主張の根拠，即ち，3本柱論では環境に対する配慮が（理念的には同序列でも）現実にはそうでないとする論拠は，環境保護担当官庁が国家の戦略・政策決定に際し

---

304) UNICE, European Industr Views on EU Environmental Policy Making for Sustainable Development (2001).
305) Brand/Jochum, G., Der deutsche Diskurs zu nachhaltiger Entwicklung.: Münchener Projektgruppe für Sozialforschung (2000).
306) この理解について，SRUはドイツ環境省の理解（BMU, Auf dem Weg zu einer nachhaltigen Entwicklung in Deutschland, 9 (1997)）およびEU環境委員会の見解（EEAC (European Environmental Advisory Councils/Focal Point), Greening Sustainable Development Strategies (2001)）を援用する。

て本来果たすべき役割を果たしていないことの証左とは成り得ても，そこから環境優位論を導くには無理がある。

持続的発展概念と直結する議論ではないが，EU 条約における統合条項（横断条項）から環境保護の優位性を導く考え方も一般的に認知されているともいえない。統合条項は，EU の各種部門戦略・政策において環境保護が軽視されてきた歴史的経緯から，環境保護と他の政策目標と同等の配慮の必要性を強調する意味があるが，Epiney が指摘するように，それ以上のものと理解することは困難である。現に，気候変動防止（例えば，自動車排出にかかる CO_2 規制）にせよ，化学物質リスク管理（REACH）にせよ，EU の環境政策においては EU および加盟国の経済の国際競争強化に大きな配慮がなされている。

（2）　持続的発展は環境法の原則か

ドイツ環境法で持続性原則を「原則」として明記した例は未だ存在しない。[307] 1998年環境法典草案（UGB-KomE）はこれを環境法の原則と位置づけたとする評価があるが、[308] 伝統的 3 原則を原則と位置づけたに対して，「持続的環境適合型発展」を指針と規定し，位置づけを異にする。2009年環境法典草案（UGB-RefE-2009）についても同じ理解が少なくないが，ここでも「環境適合型，経済的，かつ，社会的に持続的な発展」を原則と明記したわけではない（20.05.2008草案第 1 編 1 条 3 項）。

政策文書には持続的発展を環境法の原則と位置付ける例もある。[309] 一方，学説では，初期段階では伝統的 3 原則と並ぶ環境法の一つとして持続可能性原

---

[307]　Haladyj は，ポーランド環境保護法が環境法の原則の一つとして持続的発展の原則を，「産業，エネルギー管理，運輸，情報伝達，水管理，廃棄物管理，都市計画，林業，農業，漁業，観光および土地利用にかかわる政策，戦略，計画および行動計画が，環境保護原則および持続的発展の原則に配慮すべき」趣旨と規定する例（8 条）を紹介する（Haladyj, 294）。

[308]　Schink-1, 4; Storm-5, 35; Sendler-2, 1145; Mitschang, 21.

[309]　Enquete-Kommission-1994, 42.

182   第3章　環境法の原則

則を挙げる例が少なからず存在したが[310]，その後，他の原則，特に，予防原則との関係の分析の必要性が認識されるに及び，現在では，原則説のほか，具体的行動準則性を消極に解する説[311]，環境法における原則としての固有性を消極に解する説も多く，さらには，持続的発展原則の原則性を積極に解する説でも，予防原則の射程範囲を縮小することによってその作用領域の固有性を創出しようとする試みもみられる。

  a 学　説
  環境法生成の初期段階では持続的発展を環境法の原則と位置づける説は少なかった[312]。しかし，その後，Brundtland報告，リオ宣言を経て，一時はこれを環境法の原則と位置づける学説が少なからずみられたが，その後，原則としての実質あるいは他の原則，特に，予防原則に対する固有性に関する分析が進み，現在では再度消極説が増えている[313]。

  (a)　原則性に消極的学説
  i　消極説は行動準則性の欠如と原則の固有性の欠落の二つの理由を挙げる。代表的見解として，Ketteler は，持続的発展の考え方は政策上のコンセプトで，近年，多くの法律に規定されていることは事実だが，空虚な流行り言葉で，法的管理作用をもたないと結論し[314]，その理由として2点を挙げる。即ち，第1に，資源経済に焦点を当てた連邦自然保護法等には，少なく

---

310)　Cansier, 129; Rehbinder-15, 159.
311)　Enquete-Kommission, Schutz des Menschen und der Umwelt, Die Industriegesellschaft gestalten, 42 (1994); Hampicke, Ökologische Ökonomie (1992); Cansier, JbGespol. 40 (1995), 129; Rehbinder-15, 159.
312)　Ketteler, 522; Wolff-3, 357. Ketteler は，リオ宣言ないしアジェンダ21の持続的発展について，いずれの文書も国際法上拘束力がないことを理由に，法原則ではなく，理想または政策上の指針にとどまるという (Ketteler, 517)。Wolff は，稀な例として，Hanngary の環境影響を理由とする工事延期・中止権限の存否が争われた Gabckovo-Nagymaros プロジェクト事件に関する国際司法裁判所判決で Weeramantry 判事が持続的発展原則に規範的価値を認める意見を述べた例 (ILM 1998, 162 (204)) を挙げるが，この例は立法レベルではなく，法適用レベルに関する。
313)　Ketteler, 511.
314)　Ketteler, 522 f.

とも部分的には，法原則とみられる部分があるのは事実だが，法原則であれ，政策原則であれ，管理力を有するためには詳細な形で具体化されなければならず，単にプログラム的意味しかもたない場合には，さらに，効果的な実施を可能とする手法を備えなければならないが，持続的発展概念はこれを欠く。第2に，予防原則と作用領域が重なるが，予防原則は包括的意味をもち，多機能的と考えられているから，持続可能性を固有の原則とすることは困難である（Siebenも同旨）。

持続的発展における3本柱の調整の具体的調整基準，特に，定量的基準が現時点では不確定であるために，国家の環境管理上の行動準則としての管理能力が総体的に低いことは否めず，このために，立法およびその執行に際して持続的発展の考え方が最善の方法で実現できるかに疑問を呈する見解は少なくない。

ⅱ　一方，原則としての固有性に消極的な立場は，持続性を統合的環境管理に結びつける説と，持続性は予防原則に含まれるとする説に細分される。

Erbguthは持続性を統合律の発現形式と解するとともに，持続性における環境・経済・社会の3本柱の調整を比例性の発現形式と認める。

これに対して，持続的発展概念は予防原則に包含されるとする理解は，持続的発展と他の原則との関係の分析の必要性が指摘された以後の学説に限れば，おそらく多数説と思われる。Scheidlerによれば，持続可能性原則は自然資源の長期的利用と将来世代による利用に配慮するが，これは予防原則では資源配慮としてとらえられているから，持続可能性原則は独立の原則では

---

315)　Sieben, 1173.
316)　BT-Drs. 13/11200; Willand, 155 ff. Ronellenfitschも持続的発展の概念を「あらゆる政策目的で使用される全方向の美辞麗句」という（Ronellenfitsch-2, 385）。また，BückmannのTU Berlin Workshop総括報告（Bückmann-1, 98 f.）によれば，Rehbinderも持続的発展の考え方の法的管理力は僅かとする（Rehbinder-8）。
317)　Erbguth-2, 1083.
318)　Erbguth-2, 1091.
319)　Peters-2, 6.
320)　Ketteler, 511 f.; Storm-6, 19.

184　第 3 章　環境法の原則

なく，予防原則の資源経済的解釈の確認ないし予防原則の特殊な発現形式である[321]。予防原則の周辺原則ないし近隣原則とする理解あるいは予防原則の特殊な発現形式とする Schedler の理解[322]も[323]，基本的に差がないと考えられる。

Rehbinder[324]は，1970年時点で，「計画および自然資源利用の領域では，持続的利用律（Gebot nachhaltiger Nutzung）も予防原則に属する」[325]としたが，その後，持続的発展は予防原則を超えるのか，二つは補完し合うものかは全く明らかでないとする問題認識にたって両者の関係を分析し，以下の如く述べる[326]。持続性原則は，社会，経済，環境上の発展の要素と結びつく点で，予防原則よりも複雑である。さらに，それは異なる展望から出発する。予防原則は環境保護に集中し，経済と社会の要素を，リスク低下の範囲に限って調整に入る制約と考えるが，持続性原則は発展のコンセプトで，環境を将来の経済的，社会的，文化的発展の当初目標に対する制限的要素と考える。このコンセプトの展望の違いは，特に，他のすべての発展の客体に対する統合的な環境配慮の条件に関して，大きな暗示を与えるが，統合のコンセプトは予防原則に固有のものである。二つの原則が重なる範囲では，即ち，厳密な意味での環境政策の分野では，予防原則と持続性原則とは客体を同じくする。それ故，持続的発展原則がどのような種類の環境政策を想定するのか，という疑問が生じる。持続性コンセプトの中核的要請は自然資産の保存にある。自然資産は原材料としての自然資源と廃棄物（CO_2と栄養分を含む）の生成，消費のための吸収媒体としての環境で構成される。自然資産の保存はその利用が資源再生率以下か，少なくとも同等で，かつ，残滓物の生成が環境の吸

---

321)　Scheidler-2, 8; ders.-4, 12.
322)　Kloepfer/Rehbinder/Schmidt - Aßmann/Kunig135; Winkler - 1, 1427; Bender/Sparwasser/Engel, 32; SRU, Umweltgutachten-1994, 48; Schröder-1, 74; Kloepfer-11, 183.
323)　Scheidler-4, 12.
324)　Rehbinder-5, 10; ders.-6, 93; ders.-8, 657; ders.-9, 721; ders.-12,; ders.-16, 78.
325)　Rehbinder-5, 10.
326)　Rehbinder-6, 93 ff.

収，浄化能力より高くないことが確保された場合に可能である。自然資産の完全なリサイクルは不可能である。このような認識を起点とすると，両者は重なり合う。予防原則は健康リスクにも焦点を当てる。これは，環境容量の保持を広義に理解してもなお，持続性の射程に入らない。職場での化学物質暴露，大気汚染暴露も環境容量概念を合理性のない形で拡大しない限り，持続性に含まれない。しかし，予防原則は自然資源，特に，非再生資源のすべてを射程とするわけではない。例えば，廃棄物発生抑制は資源保全よりは焼却，埋め立てによる環境影響に重点を置き，エネルギー節約はエネルギー資源枯渇よりは環境に対する悪影響に焦点を当てる。この点では持続性は新しい視点をもつ[327]。再生資源については，二つの原則の射程に関する疑問は明確でない。予防原則は汚染に焦点を当てるが，ドイツでは自然資源問題も予防原則の一部であった。このような分析に基づいて，Rehbinder は，持続性は環境の受容能力に焦点を当て，予防原則は違った角度から，環境リスクに焦点をあてるという意味で，両者の差は強調のしかたが違うだけで，全体としてみれば両者の違いはネグリジブルで，持続性が予防原則よりよい展望を提供できるとはいえそうにないと結論する。Rehbinder の右のような認識はその後も維持され，2007年の教科書では，将来的には両者の融合を提案する[328]。

　Appel も，持続性のコンセプトは，予防原則と密接な関係にあり，広範にまたは完全にこれと同じで，ドイツ環境法では持続的発展概念は固有の法原則としてではなく，資源に特化した予防原則の発現，予防原則の資源経済的（部分）解釈の確認[329]ととらえられるべきものという[330]。Appel によれば，持続性の目標は，すべての自然資源に等しく妥当し，予防原則から明確に区別される環境法の原則としての証拠はない[331]。その理由は持続的発展概念が環境政

---

327) 現在では物質循環，省・節エネ関連法制度の体系化により，予防原則の射程にあると考えることができる。
328) Rehbinder-15, 167.
329) Kloepfer/Vierhaus, 29 u. 54; BT-Drs. 10/6028, 7; BT-Drs. 10/7168, 26.
330) Appel, 312. その主張につき，UGB-ProfE-AT, 135; Winkler-1, 1427 f.; Schröder-1, 65 u. 73; Christner/Pieper, 94; Rehbinder-15, 151; Steinberg-3, 112 を引用する。

策に特化した行動計画に関するものではなく，努力すべき発展の安定性と長期性についてのものにすぎないからである。

(b) 固有の原則説
ⅰ Murswiek説[332]

Murswiekによれば，持続性原則は法原則で，拘束力のない政策的行動原則以上のものか，あるいは単なる政策上の言葉の彩なのかについては，積極に理解すべきである。憲法上の持続性原則（20条a）は個々の市民に対する権利または義務の根拠とはならない。国家，一義的には立法者に対する立法義務の根拠となるが，立法者に対してどのような法律をどのような内容で制定するかを規定していない。このため，立法者は自然資源の持続的利用可能性に配慮しなければならないが，目標達成のための手段選択の自由と政策上の裁量余地が認められる。この裁量には限界はあるが，限界の維持が法的に管理されるか否か，実施できるか否かは疑問である。[333]

持続性原則が環境法の他の原則，特に，予防原則との関係で，どのような機能を有するのか，固有の存在領域を有するかは明らかでない。[334] 第1に，持続性原則と予防原則との関係については，持続性原則は予防原則よりも内容が高いものではないとする説（多数説）[335]，持続性原則を狭義にとらえ，資源に特化した予防原則の発現形式とする説[336]，持続性を優れた配慮政策の成果とみる説[337]，逆に，配慮は持続性の様相の一つとする説[338]，持続性原則と予防原則間の広範な交差を認める説[339]等があり，理解が確立していない。持続性原則が独立の原則として認知されるためには，固有の内容がなければならないが，[340]

---

331) Schröder-1, 75.
332) Murswiek-4, 417; ders.-6, 641 ff.; ders.-7, 176 ff.; ders.-8, 417.
333) Murswiek-6, 647; ders.-8, 417.
334) Murswiek-8, 418.
335) Lang/Neuhold/Zemanek, 80.
336) Kloepfer-11, 183; Schröder-1, 74.
337) Bender/Sparwasser/Engel, 32.
338) Rehbinder-8, 661.
339) Rehbinder-9, 740; ders. 16, 167.

予防原則，保護原則との関係を分析すると，結論として，持続性原則は長期的な資源利用に関する責務配分であり，伝統的3原則は持続性原則によって排除も変更もされず，補完される。即ち，保護原則と持続性原則は保護法益が違う。前者は個人の保護法益保護，持続性原則は資源保護（環境媒体および地球資源を含む）の保護とその持続的，世代を超える利用可能性の確保を射程とするが，自然資源それ自体を保護するのではなく，ヒトの生命基盤としてのそれを保護し，間接的に個人の保護法益を保護する。また，保護原則は保護対象に対する具体的原因・効果関係がある場合に限るが，持続性原則では原因・効果関係は環境財全体に対して認められれば足り，具体的関係を要しない。持続性原則は資源利用を管理することによって，ダイナミックな経済発展に対して長期的な余地を残し，利用権限を法的に配分できる。それ故，保護原則に対して固有性を有し，保護法益の点で補完関係にある。一方，伝統的保護法益を射程とする保護原則と自然資源を射程とする持続性原則はこれを超えることは許されない最低基準を確保するが，予防原則は，個人の保護法益の全体についてリスク配慮によって保護原則を，資源関連のリスク配慮によって持続性原則を補完し，特に，リスクと環境侵害を最小化することによって，保護を最適化する。

ⅱ　Kahl説

Kahlは，予防原則が発生するおそれがある環境負荷を未然に防止し，利用可能な資源に環境上の基盤を長期的に確保することを目的とするから，リスク配慮ないし危険配慮と資源配慮を含むと理解する一方で，持続性と予防の関係は未解明にとどまるという。そして，持続性原則を予防原則の資源に特化した発現ないしは固有性をもたない近隣原則と解する考え方は疑問と

---

340)　Appel, 303 ff.
341)　Murswiek-6, 648.
342)　Murswiek-8, 441.
343)　Schmidt/Kahl, 9.
344)　Kahl-2, 138; ders.-3, 1720; ders-4. 参照。

し，持続性原則が固有の，新しい原則であることは，EU 法上は明白といい（条約2条，6条，174条2項），その固有性はドイツ法上も妥当するという。Kahl によれば，UGB-KomE-は持続的環境適合型発展（4条）と予防原則（5条）を併記するから，持続性は固有の意味をもち，予防は危険防御とリスク配慮に限定され，長期的資源節約は予防原則からはずし，持続性原則に組み入れられる。[345] 機能的にみると，持続性原則は指令的機能を持ち，機能的には同じく命令的な予防原則と同じレベルにあるが，予防原則が事前防止的に作用するに対して，持続性原則は展望的に作用し，長期的・持続的な資源確保という意味での将来における環境保護に向けられる。[346]

iii このほか，部分的に固有の原則性を認める説として[347]，例えば，Sanden は，持続性原則は一定の範囲で管理上の弱点を示すことは事実だが，これを構造原則とする妨げにはならず，総じて言えば，普遍性，内容上の確定を性，管理ポテンシアルを示すといい，これを法原則と位置づける。[348]

b 考　察

持続的発展の考え方が環境法・政策において重要な視点を提示することおよび政策上のプロパガンダとして大きな役割を果たすことに疑問の余地はなく，これを矮小化しあるいは過小評価すべきではない。また，経済的発展，社会的公正との調和に配慮する意味で，これを環境法内部に限定して理解すべきものでもない。しかし，持続性のコンセプトと予防原則が大きく重なり合う事実，それ故，両者の関係が明確とはいえないことについては多くの学説が指摘する。[349] それ故，これを一歩進めて，環境法における原則と位置づける説に対しては，他の原則（特に，予防原則）との関係の分析を踏まえた

---

345) Breuer-2, 411; Rengeling-1, 63; Ossenbühr-2, 163; Pertersen, 197; Tnnesen-Harmes, A. 2, Rn. 25.
346) Kahl-2, 136.
347) UBA (Hrsg.)-2, 264; Erbguth-2, 1085; Röhrig, 1660.
348) Sanden-2, 62; ders.-3, 6.
349) Rehbinder-6, 93; ders.-16, 167; Epiney/Furrer, 384; SRU, Umweltgutachten 1994, 48 (Tz. 12); Streinz, 470; Frenz-2, 141; Appel, 312.

考察が不可欠である。

　他の原則，特に，予防原則との関係については，現状では，各国で予防原則の理解が同一とはいえない点に注意を要する。例えば，EU 法における予防原則は，ドイツ法上の予防原則をモデルとすると説明されるものの[350]，ドイツにおける理解と異なる点があるとされ（特に，資源配慮の視点を持たない），このことがドイツ環境法側の批判の対象となっているし[351]，EU 法上は予防原則と持続性原則は区別されるとする理解もみられる[352]。我が国では予防原則は科学的不確定性を強調することによって説明する例が多いが，反面で，どのような射程範囲で行動準則として機能するかを含めて，その具体的内容に関する分析は必ずしも多くない。ここでは予防原則が保護法益を伝統的保護法益のほか環境を含む前提のもとで，前記第 1 類型のリスク（ドイツ法上の危険）に対する配慮，第 2 類型のリスク（同じく，狭義のリスク）に対する配慮，将来配慮を含み，将来配慮は資源配慮を含むとするドイツ学説と同旨に理解する立場から，若干の考察を試みる。

(a) 行動準則性

　Ketteler らが指摘する如く，持続的発展の考え方の中核を構成する 3 本柱の調整は，少なくとも現時点では，定量的あるいは客観的な基準をもたないことは否定することができない。同じことが統合的環境管理における外部的統合にも妥当し，それ故に，Schreiber は外部的統合領域における原則性を消極に解したが[353]，持続的発展にあっては将来世代の範囲も確定できないし，将来世代の自然資源利用に対する要請を定量的に把握することも困難であるという事情が加わる。その調整基準が存在しない場合には，立法段階その他における国家の意思決定に際してはケース・バイ・ケースの調整に成らざるを得ず，行動準則としての持続的発展は単に抽象的理念として位置づけ

---

350) Jans, 33.
351) Kahl-2, 134.
352) Bender/Sparwasser/Engel, 32.
353) Schreiber, 66.

ることができるに過ぎない。

　また，持続的発展の考え方は自然資源の利用に関する世代間公平の考え方と不可分であるが，現世代が配慮すべき将来世代の範囲の不明確性も指摘されている。世代間公平を踏まえた環境保護は緊迫性の危険・リスク配慮場合よりも本質的に高い不確実性を伴うから，自由権に対する干渉が許容される範囲には限界がある。ドイツ法上は将来世代の保護は基本法20条aから導かれ[354]，自然資源利用の制限も同条によって正当化されるが[355]，無限定ではなく，比例原則に服する[356]。Frenzはこれを不確実な事実を基礎として行うことができる場合に限るといい[357]，Kloepferも[358]，特に，基本法で保障された所有権保護との抵触問題を指摘し（Höschも同旨[359]），現時点では具体化されていない，推測に基づく将来の利用利益を根拠として，現在の危険とはいえない環境利用を禁止すること，現状保護的産業施設に賦課を課し，または現在および近い将来には現実に使用しない生命空間を，将来世代のために制限することを受忍させ，あるいは負荷を留保しておくことが法的に許されるかと自問する。持続的発展の考え方がこのような抵触関係を調整する行動準則として機能し得るには管理基準の具体化が求められると考えるが[360]，現時点の持続的発展の考え方がこのような具体性をもった調整基準，管理基準を提示し得ているかには疑問がある。

　(b)　機　　能

　予防原則は国家の環境管理水準決定に際しての行動準則であり，前記のとおり，この点では統合的環境管理，持続的発展ともに差がない。

---

354)　Murswiek-7, 807; Schmidt/Kahl, 15 f.
355)　Kluth, 107.
356)　Erbguthによれば，この自由は法的に全く自由というわけではなく，憲法の立場からは，比例原則，法治国家原則の制約を受ける。Erbguth-2, 1091.
357)　Frenz-4, 160.
358)　Kloepfer-11, 182.
359)　Hösch, 140 u. 267.
360)　Kloepfer-11, 182.

（c）作用範囲
　i　自然資源管理
　環境法の原則としての予防原則は将来配慮を含み，将来配慮は伝統的保護法益領域とともに環境を保護法益とする領域を含むから，Kloepfer, Rehbinder ら多くのドイツ学説が認識するように，自然資源の保全・管理は予防原則の射程に属する。一方，自然資源管理を射程とする持続可能性の考え方の射程は自然資源以外の環境および伝統的保護法益に及ばない。この点では予防原則の作用領域は持続可能性の考え方の作用領域を含み，かつ，それより広いと考えられる。また，持続可能性の考え方の具体的内容としての再生律，代替律，順応律ないし節約律は，現時点のドイツ環境法においては予防原則の内容の一部でもある（連邦イミッシオン防止法5条）。
　ii　3本柱の調和
　持続可能性の考え方は環境保護と経済発展，社会的公正の3本柱の調整を本質とするが，この点は予防原則も変わらない。仮に，この点を消極に解すれば，環境法において他の政策領域の目標に配慮すべきことに持続可能性原則の環境法の原則としての固有性を認めるという皮肉な解釈も導けようが，その過程の前提に誤りがあるというべきであろう。統合的環境管理における外部的統合では環境部門以外の戦略・政策領域における環境保護を強調するが，環境部門の戦略・政策領域における経済その他の国家戦略・政策目標に対する配慮を排除する趣旨ではなく，両者が表裏の関係にあるとする考え方を前提とするが，予防原則もこれと異ならない。予防原則における（狭義の）リスクと社会的許容リスクの境界は，理念的には比例原則，具体的には損害発生の蓋然性によって画されると考えるが，その蓋然性レベルの決定は技術的可能性，経済的受容性を含めた諸元の総合判断による国民のコンセン

---

361) BT-Drs. 10/6028, 7; Rehbinder-5, 10; ders.-16, 167; SRU, Umweltgutachten 1994, 48; Schröder-1, 73; Calliess-2, 1727; Ketteler, 511 f.; Hoppe/Beckmann/Kauch, 39; Kloepfer-11, 173 ff.
362) 拙稿「環境法における国家の基本権保護と環境配慮(3)」182頁。

サスに支えられる。一方，持続的発展も比例原則によって限界づけられる。それ故，予防原則の下限設定は3本柱の調整論と質的な差がないと考えられる。

iii 予防原則減縮論

予防原則の射程範囲を減縮させることによって持続的発展の考え方の作用領域の固有性を創出する試みについては，前記のとおり，消極説が多数である（第三章二1b(d)ii）。

(d) 小　括

持続可能性の考え方は，現時点では，環境保護上の国家の意思決定に際する行動準則としての具体性に不明確性を内在するだけでなく，予防原則の作用領域を超える固有の重要な作用領域を持つとは考えにくく，予防原則における3本柱の調整を強調する点で，焦点の当て方に特徴があるという以上のものとは考えにくい。それ故，3原則と並ぶ固有の環境法上の原則と位置づける意味は少ないと考えられる。

4　環境法における信頼保護原則の適用

(1)　ドイツにおける信頼保護原則

a　はじめに

ドイツ法上，信頼保護原則（Vertrauensschutzprinzip ないし Bestandsschutzprinzip）は憲法上の原則として判例，学説上確立している。①連邦信頼原則，②私法領域における信頼保護原則，③公法領域における信頼保護原則の三つの局面で論じられるが，信頼保護原則が環境法にかかわりを持つのは第3の局面（公法部門）が中核と考えられる。信頼の対象となる現在の法律状態，法解釈状態が国・地方自治体（以下，国等という）とそれ以外の行動主体（特に，経済界）との間の合意形成を基礎とする場合と，合意形成を背景としない非国家行動主体の一方的信頼を基礎とする場合を区別できる。市町村の使い捨て型飲料用容器税条例を違憲・無効とした BVerfGE 98, 106 は，連邦の全法秩序違背を理由としたが，見方を変えれば，連邦・経済界間の合

意形成を基礎とする信頼関係を合意の当事者に当たらない市町村が破壊した例ととらえれば，前者の変形事例と考えることができる。一方，後者については，立法（法令変更等），行政（行政上の意思決定基準ないし法令の行政解釈の変更等，特に，政省令改正），司法（判例変更）に関連して議論が多く，特に，これらが事実上（不真正）遡及効を伴う場合に信頼保護原則の適用を積極に解する学説が少なくない。信頼保護原則は税法（特に，税制の不利益改正），社会法等多様な法領域で論じられるが，環境法の領域でも，施設認可・届出後の命令（連邦イミッシオン防止法17条2項＝不利益を伴う命令は比例原則に反しない場合，特に，命令履行に要する費用が効果との関係で均衡を欠くことにならない場合に限る旨を規定する）による不利益の保護問題を嚆矢として議論が多い。[364]

ドイツでは，信頼保護原則の適用が争われた裁判例は数多い。[365]なかでも税法領域では，税制の不利益変更を法的に正当化し得るためには信頼保護原則に対する配慮が必要であることについては，連邦憲法裁判所の先例（BVerfGE, 97, 67）が，「立法者が過去の行動の法律効果を不利益な付加を課す方向で変更する場合には，基本法の法治国家原則から，特別の法的正当化を要する。法秩序の信頼性は，自由な憲法の基本的条件である。公権力が個人の行動またはその関係する状況に対して，後日，行動当時よりも負担を課すような法律効果を結びつけることを認めることは，個々人にその自由に対して重大な危険をもたらすことになる（BVerfGE 30, 272 ほか参照）。しかし，真正遡及効を持たせることは許容されないが，不真正遡及効は許容される。法律による利害関係者は，原則として，新たな規制が告示されるまで，従来課せられていない負担に事後的に服することはない旨を信頼することができなけ

---

363) 連邦拳法裁判所は真正遡及・不真正遡及（ないし要件事実の遡及・法律効果の遡及）の類型化を発展させ，前者について憲法上の遡及禁止原則の適用を排除する。
364) 例えば，Ronellenfisch-1; Drexelius, 92; Friaus, 217; Sendler-1, 33.
365) 信頼保護原則が争われた裁判例については，Schwarz, K-A., Vertrauensschutz als Verfassungsprinzip（2002）参照。

ればならず（BVerfGE 72, 200 ほか参照），従来適用された法律効果の状態に対する信頼の保護は，一般的な法治国家の原則，特に，信頼保護原則および法的安定性原則の中に憲法上の根拠を有する（BVerfGE 45, 142＝NJW 1977, 2024; 72, 200＝NJW 1987, 1749; 83, 89＝NJW 1991, 743 参照）」としている。類例として，BVerfGE 105, 17（NJW 2002, 3009）も，「本件免税措置の廃止は信頼保護の憲法上の保障に違反しない。本件 EStG 3 条 a の廃止は，憲法上許容される税法規範の遡及（不真正遡及）の要件事実の範囲にある。連邦憲法裁判所の先例によれば，立法者が過去に属する行動の法律効果を不利益な付加を課す方向で変更する場合には，基本法の法治国家原則から，特別の法的正当化を要する。立法者が既に規定された要件事実に対して，後になって，行為の当時予定したよりも不利な効果を与える場合には，市民は自由な憲法の基本的条件としての法秩序の信頼性に対する信頼を裏切られることになる（BVerfGE 30, 272; 45, 142）。公権力がその行動に対して後日不利益になる方向の法律効果を結びつけるとすれば，個人はその自由に対して重大な危険にさらされることになる（BVerfGE 72, 200; 97, 67）。既に完結した要件事実に対する税の負荷は原則として認められず（BVerfGE 13, 261; 45, 142），優遇措置の制限または廃止もこれにあたる（Offerhaus, DB 2002, 556 (557)）。保護に値する信頼を充分な理由なきままに裏切ることも同じである（BVerfGE 2, 200 (254)）」という。

b バイオ燃料優遇税制不利益変更の事例（BVerfG, NVwZ 2007, 1168）

(a) 事実の概要

バイオ燃料およびバイオ燃料用デイーゼルモーター変装システムを製造者および販売者（29社）が申し立てた憲法異議事件である。バイオ燃料については，2002年鉱油税法改正により，バイオ燃料税優遇措置が導入されたこと

---

366) 当初は2003年1月1日施行，2008年12月31日を優遇期限と予定したが，EU との折衝等の理由から，2003年改正によって以下のとおりとなった。
　　対象　　　バイオ燃料を含む一定の鉱油
　　優遇期限　2009年12月31日

から（同法2条a），消費増大を見込んだ設備投資が進められたが，その後数次の改正とEU指令の国内法化としてのバイオ燃料割り当て制度の導入（2007年1月1日施行）に伴う優遇措置の改正によって[367]，優遇措置が経済界に不利益に作用するとの理由で，本件憲法異議が提起された。申立人らは，エネルギー税法の改正規定によって所有権および営業の自由を侵害されたこと，併せて，バイオ燃料消費者に有利な減税措置の継続を信頼して大規模な投資を行ったにもかかわらずバイオ燃料の減税措置を変更する改正は「信頼保護律」にも反し，これでは純バイオ燃料市場が破綻すると主張した。

(b) 連邦憲法裁判所の判断（不受理）

連邦憲法裁判所は本件憲法異議を不受理とし，信頼保護原則について以下のとおり述べた。

免税措置の廃止は信頼保護原則にも反しない。確かに，連邦憲法裁判所の先例は，市民が一定の行動をとる誘因を与えるような規範・税の優遇は，原則として，これを信頼して投資を行う基盤となるとしている。税法が一定期間に限って納税義務者に免税的補助金を認めている場合には，納税義務者は補助金を得るのに有利な形の行動に向けて意思決定することが考えられ，このような条件は保護に値する信頼の根拠となる（BVerfGE 97, 67; 105, 17）。しかし，他方で，現行法が変更されないまま存続することに対する市民の一般的期待は憲法上保護されない。納税義務者は，原則として，立法者が社会的もしくは経済的理由から付与した税の優遇が将来も変更されないまま維持されると信頼することはできない。信頼保護の憲法上の限界が遵守されている限り，立法者が企業行動に対する誘因目的で導入した免税措置を予定より早く終了させるか否か，また，この税制手法の誘導効果に疑問が生じた場合にも，信頼を重んじて，効果の薄い措置を予定期限まで甘受するか否かの問

  優遇措置 税率低減（免税）
  施行予定 2004年1月1日（EUの認可を条件とする）
[367] 2003年改正（BGBl. I. S. 2645 (2003)），2006年改正（BGBl. I. S. 1534 (2006)，2006年連邦イミッシオン防止法改正およびエネルギー税法50条改正。

題は，政策判断の問題である。信頼保護原則を考慮しても，本件では憲法上保障された信頼保護違反を認めることはできない。何故ならば，申立人がバイオ燃料税優遇（免税）に配慮して具体的にどのような投資を行ったかが充分に確実とはいえない。また，免税の現状に対する信頼の保護は限定的である。元々，法律状態は，多様な改正，システム変更の告示と検討の可能性を留保しており，これを投資の基盤として信頼することには限界がある。さらに，投資成果に対する信頼の基盤は本質的な市場条件（例えば，原材料価格）にかかっている。立法者は，バイオ燃料免税の終結に対する経過措置と，同時に導入する混合義務とを結びつけている。立法者は，混合義務を課すことによってバイオ燃料を奨励し，バイオ燃料製造者，販売者およびその他の業務上の利用者に，原則として，段階的率で成長する販売市場を確保している。異議申立人の一部の者には税制上の促進措置の廃止に関連する経済上の不利益の補償も期待される。立法者は，関連経過措置によって信頼保護を満たした。バイオ燃料と植物油に対する税の優遇は，段階的に年次ごとに構築され，2012年まで優遇措置を置くことによって，当初の免税期間を超える優遇措置を定めている。混合率の履行のためのバイオ燃料混合に対して憲法上異議を唱えることができない。混合義務によって率の高さでのバイオ燃料の売り上げ促進措置が講じられているから，環境政策上の目標を考えると，二重の優遇税制は正当化できず，優遇税制をバイオ燃料最低含有義務率を超える部分に限定したことは違法とはいえない。

 c 信頼保護原則の法的根拠

 信頼保護原則の法的根拠については，信義誠実説，禁捺印証書違背説，契約締結上の過失説，禁反言説，基本権ないしこれと同等の権利説，社会国家原則説[368]，法治国家原則説，法的安定性説等が主張される[369]。

---

368) Mainka, 27 ff.; Preuß, 316; Rohwer-Kahlmann, 624; BT-Drs. 7/910, 77.
369) Muckel, 29 ff.; Schwarz, 134 ff.

(a) 信義誠実 (Treu und Glauben)

初期の学説には信義誠実原則（ないし公理）から信頼保護原則を導くものがある[370]。初期の判例（BVerwGE 3, 199 (203); 18, 188 (256); 19, 188 (189); 40, 147 (150)) も同じである。

しかし，信義誠実原則と信頼保護原則の規範的関係は，必ずしも明確とはいえないし[371]，民法典242条から導かれる信義誠実原則が基本法上の位置づけをもち得るかにも疑問がある[372]。確かに，信義誠実原則は公法上も妥当すると考えられる[373]。特に，公法上の契約など，国・その他の行動主体間の合意形成を基礎とする信頼関係の場では，私法上の当事者間の信頼保護に類する局面では，これを否定する根拠を見出しがたいが，合意形成を基礎としない場合，特に，公権力行使によって形成された法律状態に対する信頼関係について妥当するかは疑問がある。それ故，公法上の信頼保護のすべてを信義誠実原則で説明することは困難ではないかと考えられる[374]。

(b) 禁反印証書違背 (venire contra factum proprium)

Muckel は禁反印証書違背説を主張し，その根拠を信義誠実原則と同じく民法典242条に求める[375]。従前の行動に反する権利行使を行う場合に，その者の従前の行動を信頼して行動した者があるときは，信義誠実に違反することとなり，この理は公法関係に及ぶというのである。

しかし，禁反印証書違背の法理はあらゆる種類の信頼の保護を対象とせず，限られた形式の信頼を対象とするから，これに類する事実関係が存在する場合，例えば，国，特に，行政と市民・企業間に約束があり，この約束が公法上の作為ないし不作為に対する国の自己義務づけとして機能するような事実関係（確約の形式，手続等に関する行政手続法38条参照）のもとでは，国

---

370) 例えば，Ossenbühl-1, 27.
371) Schwarz, 137. Mainka, 3; Weber-Dürler, 37 も同旨。
372) Muckel, 31.
373) Coing, 137; Schwarz, 136.
374) Muckel, 30; Schwarz, 140.
375) Muckel, 30.

の自己義務づけ遵守に対する信頼の保護の根拠を禁捺印証書違背の類推に求めることは考えられるが，それ以外の場合に一般化することには疑問がある。[376]

(c) 契約締結上の過失（culpa in contrahendo）

Burmeister[377]が国の計画の確実性を信頼した市民の損害賠償請求権の説明として主張する。判例にも，契約交渉に際して公法上の当事者の公式の行動を信頼して行動した市民の信頼は，少なくとも市民間の契約の場合と同じ程度に保護に値するとした例がある。[378]

確かに契約締結上の過失論は公法上の権利にも適用されると解されているが[379]，この説は契約に由来する法律関係を前提とし，かつ，損害賠償請求の場での適用を想定しており，公法上のすべての領域でこの法理を適用することに対しては，異論が多い。それ故，契約締結上の過失説の射程範囲は公法上ないし行政法上の契約の領域に限定すべきではないかと考えられる。[380]

(d) 禁反言（Estoppel）

Estoppelは，元々，英米法上の概念であるが，ドイツ法上，私法領域に限らず公法領域でも適用可能である。[381]この説（少数説）[382]によれば，一定の要件事実を信頼して法律行為を行った者は，その要件事実を定めた者に対する関係で保護されることになる。[383]しかし，この説に対しても，信頼保護原則を一般的に禁反言で説明できるかは疑問であること，市民・立法者間で適用できるかも疑問であること，等々の疑問が提示されている。[384]

---

376) Schwarz, 141.
377) Burmeister, 21.
378) OVG Munster, DÖV 1971, 276 (BVerwG DÖV 1974, 133, 134 もこれを支持)。
379) 例えば，Ule/Laubinger, §72, Rdnr. 12.
380) Schwarz は，適用領域を行政法，特に，行政法上の契約に限定すべきものとする (Schwarz, 143)。
381) Schwarz, 143.
382) Ipsen, 99.
383) Püttner, 205.
384) Schwarz, 143 f.

(e)　基本権ないしこれと同等の権利

信頼保護原則の根拠を基本権に関する基本法の規定に求める説がある。信頼保護原則の適用領域によって一様に論ずることはできないが，例えば，基本法1条1項説（人格の尊厳），2条1項説（一般的行動自由），2条2項説（生命・健康保護），3条1項説（専横禁止），6条1項説，12条説（職業の自由），14条説（所有権保障），16条1項説，33条5項説，103条2項説等である。Riechelmann は，信頼保護の基盤を法律の安定性ではなく法律の持続に対する利益に求め，その根拠を法治国家原則に遡る必要はなく，基本法2条1項が受け皿機能をもつという[385]。

しかし，信頼保護原則の適用領域が多様なので，一般的根拠を特定の基本権規定に求めることは困難であろう。基本権は包括的で，要件事実上すきまのない形で信頼保護原則を保障することはできず，3条1項による自由権，一般的平等権あるいは社会規範（例えば，33条5項）からも，すべての場合に適用できる一般的信頼保護原則を導くことには無理がある[386]。

(f)　社会国家原則（Sozialstaatsprinzip）

社会的安全性の確保を対象とする社会国家原則が，独立でまたは他の憲法原則と相まって[387][388]，少なくとも個人の社会的安全性の領域における信頼保護の根拠となるという。しかし，社会国家原則は立法者に対して社会秩序の形成に向けて拘束的に作用し，その作用は社会的な変革ないし再配分を含むから，この原則から信頼保護原則を導くことはできないとする批判がある[389]。

(g)　法治国家原則（Rechtsstaatsprinzip）

最近の判例および通説は信頼保護原則の根拠を法治国家原則に求める。

連邦憲法裁判所は，初期段階では信義誠実原則に根拠を求めた例がある

---

385)　Riechelmann, 194.
386)　Muckel, 58.
387)　Brünneck, Rupp-v., 立ち退き区域における迫害損害賠償に関する BVerfGE 32, 111 に対する反対意見（BVerfGE 32, 129 (139); Preuß, 316.
388)　Mainka, 27 ff.; Pohwer-Kahlmann, 624.
389)　Muckel, 32 ff.

が，最近では法治国家原則からこれを導く（例えば，BVerfGE 45, 142＝NJW 1977, 2024; BVerfGE 72, 200＝NJW 1987, 1749）。

(h) 小　　括

信頼保護原則の法的根拠については以上のように多様な説が主張されているが，信頼保護が求められる事案類型の多様性を超えてその法的根拠を統一的に理解しようとする試みに無理があると考えられ，通説・判例も，結局のところ，法治国家原則というような一般原則に戻らざるをえない。信頼原則が合意形成を前提とする場合には契約法的理解が妥当するが，そうでない場合には，法・政策の弾力性と法的安全性との調整関係のなかで，要保護性を総合評価せざるを得ないのが現状であろう。

d　信頼保護の要件事実[390]

信頼保護原則は，ドイツでは，例えば土壌汚染のように，過去の負の遺産に対する事後立法による法的責任の効力を根拠づける不真正遡及ないし法律効果の遡及と密接に関連しながら，判例・学説によって発展されてきた理論である点で興味深い。信頼保護原則は，無論，無限定ではない。ドイツ学説を概観すると，信頼保護の要件事実は以下の如くである。

(a)　信頼の根拠となる事実（現在の法律状態，法解釈状態）の存在

(b)　信頼

(c)　信頼に基づいて行動したこと

(d)　立法自由およびこれに関連する公益と法的安定性およびこれに関連する要保護利益の総合的な比較考量

(e)　第4の要件事実の1要素であるが，要保護利益に対する相当の補償・代償措置の存在（経過措置，補償等）[391]

---

390)　Schwarz, 564.
391)　Muckel, 129; Weber-Dürler, 128 ff．経過措置を規定した事実を信頼保護不適用の根拠の一つとした例として BVerfGE 97, 271＝NJW 1998, 3109 がある（BVerfGE 97, 271＝NJW 1998, 3109）。

(2) 我が国における信頼保護原則

　我が国でも信頼保護原則は行政上の法の一般原則の一つに位置づけられる。[392]最判昭和56年1月27日（民集35巻1号35頁）は企業誘致政策の継続に対する企業の信頼について信頼保護を認め、以下のとおり判示した。「単に一定内容の継続的な施策を定めるにとどまらず、特定の者に対して右施策に適合する特定内容の活動をすることを促す個別的，具体的な勧告ないし勧誘を伴うものであり，かつ，その活動が相当長期にわたる当該施策の継続を前提としてはじめてこれに投入する資金又は労力に相応する効果を生じうる性質のものである場合には，右特定の者は，右施策が右活動の基盤として維持されるものと信頼し，これを前提として右の活動ないしその準備活動に入るのが通常である。このような状況のもとでは，たとえ右勧告ないし勧誘に基づいてその者と当該地方公共団体との間に右施策の維持を内容とする契約が締結されたものとは認められない場合であっても，右のように密接な交渉を持つに至った当事者間の関係を規律すべき信義衡平の原則に照らし，その施策の変更にあたってはかかる信頼に対して法的保護が与えられなければならないものというべきである」。この考え方は，恩給支給裁定の結果恩給担保法に基づいて国民金融公庫が行った恩給担保貸付の後の恩給支給裁定が取消された事例で再確認されている（最判平成6年2月8日民集48巻2号123頁）。

　信頼保護原則論について，ドイツでは立法・行政領域を含めて射程範囲とするが，我が国では行政領域に焦点があてられる傾向にある。例えば，東京地判昭和40年5月26日（行集16巻6号1033頁）および名古屋地判昭和48年12月7日（判時739号71頁）は法律の行政解釈の適法性についての相手方の保護に視点を当てる。立法領域では経済・社会情勢，科学的知見あるいは市民意識等の事情変更に伴って，法制度の柔軟な制定・改正を妨げるものでは無論ないが，環境法領域では，予防原則にしたがって将来における技術革新を先取りした形で法制度が導入され，政策側と事業者側の役割分担のもとで，も

392）　塩野宏『行政法Ⅰ（第4版）』56頁（有斐閣・2005年）。

中・長期的計画・展望のもとで国家目標の達成に向けた措置を行うことが求められることが少なくないから，政策側が定めた将来計画あるいはその前提とされる政策側が分担すべき役割の履行に対する国家以外の行動主体の信頼は，それが立法領域にかかわる場合にも保護に値する場合があり得ると考えなければならない。

(3) 環境法における信頼保護原則

　法秩序は，社会・経済の進展に伴い，一方で安定性，持続性を，他方で流動性，弾力性を求める。環境法の領域では，経済の発展，環境保全等の改革に向けた投資の安全性の要請は環境法秩序の安定性，持続性を求める一方で，社会・経済の進展に伴う国民意識の変化と科学技術の革新への対応は環境法秩序の流動性，弾力性を求める。それ故，現状の法秩序に対する信頼保護原則はこのような二つの要請の調整機能を持つ。信頼保護原則は既存の法律関係に対する信頼が法的保護に値する場合の基本的人権保護の領域で機能し，現状の法秩序に対する信頼自体を憲法上の保護対象とするが，結果において信頼の対象とされた現状の法秩序で予定される法律効果の持続に対する利益を保護する機能をもつ。[394] 同じ現在の法律関係に対する信頼保護でも，法律上行使可能な公法上の権利・権限不行使によって醸成された法律状態に対する信頼の保護を本質とする「失効（Verwirkung）[395]」と区別される。

　このように信頼保護原則は憲法上の原則と位置づけられる。それ故，環境法の領域もこれと無縁ではない反面で，環境法領域固有の原則とはいえない。それ故，これを予防，原因者負担，協調原則と並ぶ環境法固有の原則と位置づけ得るについては消極に解される。

393）　Ronellenfitsch-1, 22.
394）　Riechelmann, 192.
395）　BVerwGE 44, 339＝NVwZ 1995, 547; BVerwG 7.2.1974; Beermann, 211 (1991). 土壌汚染領域につき，拙著『ドイツ土壌保全法の研究』45頁。

参　考　文　献

Albert：Albert, M., Zur rückwirkenden Steuerverhaftung von Wertsteigerungen im Rahmen der §§17 und 23 EStG durch Anwendungsvorschriften des Einkommensteuergesetzes (2005).

Albers：Albers, M., Reformimpulse des Konzepts integrierten Umweltschutzes, ZUR 2005, 400.

Appel：Appel, I., Staatliche Zukunfts-und Entwicklungsvorsorge (2005).

Arndt：Arndt, H-W., Umweltrecht: in U.Steiner (Hrsg.), Besonderes Verwaltungsrecht 5. neubearbeitete Aufl. (1995).

Backes：Backes, C., Erneuerung des Umweltgesetzes in den Niederlanden, EurUP 2006, 293.

Backes/Drupsteen/Gilhuis/Koeman：Backes, Ch./Drupsteen, Th./Gilhuis, P.C./Koeman, N.S.J., milieurecht, 5. Aufl. (2001).

Beaucamp：Beaucamp, G., Das Konzept der zukunftsfähigen Entwicklung im Recht (1997).

Becker：Becker, B., Einführung in Inhalt, Bedeutung und Probleme der Umsetzung der Richtlinie 96/61/EG des Rates der Europäischen Union vom 24. September 1996 über die integrierte Vermeidung und Verminderung der Umweltverschmerzung, DVBl. 1997, 588.

Beermann：Beermann, J., Verwirkung und Vertrauensschutz im Steuerrecht (1991).

Benda：Benda, E., Verfassungsrechtliche Aspekte des Umweltschutzes, UPR 1982, 243.

Bender：Bender, B., Zur staatshaftungsrechtlichen Problemtik der Waldschäden, VerwArch 77 (1986) 335.

Bender/Sparwasser/Engel：Bender, B./Sparwasser, R./Engel, R., Umweltrecht, 4. Aufl. (2000).

Bericht der Gemeinsamen Verfassungskommission：Bericht der Gemeinsamen Verfassungskommission (BT-Drs. 12/6000).

Bernsdorf：Bernsdorf, Positivierung des Umweltschutzes im Grundgesetz (Art. 20 a GG), NuR 1997, 328.

Binswanger：Binswanger, M., Sustainable Development, ZfU 1995, 1.

Birnbacher/Schicha：Birnbacher, D./Schicha, C., Vorsorge statt Nachhaltigkeit, in: Kastenholz/Erdmann/Wolff (Hrsg.), Nachhaltige Entwicklung, 149 (1996).

BMI/BMJ (Hrsg.)-Bericht der Sachverständigenkommission：BMI/BMJ (Hrsg.), Staatszielbestimmungen Gesetzgebungsaufträge-Bericht der Sachverständigenkommission (1983).

BMU, 10 Jahre Chemikaliengesetz (1992).

BMU, Politik für eine nachhaltige, umweltgerechte Entwicklung, Zusammenfassung (1994).

BMU, Auf dem Weg zu einer nachhaltigen Entwicklung in Deutschland (1997).

BMU, Nachhaltige Entwicklung in Deutschland (1998).

BMU, Aus Verantwortung für die Zukunft (2000).

BMU, 10 gute Gründe für ein Umweltgesetzbuch (Stand: November 2007).

Bohlken：Bohlken, L., Waldschadensfonds im EG-Recht (1999).

Bohne：Bohne, E., Die integrierte Genehmigung als Vereinheitlichung und Vereinfachung des Zulassungsrechts und seiner Verkünpfung mit dem Genehmigungsaudit, in: Rengeling (Hrsg.), Integrierter und betrieblicher Umweltschutz, 125 (1996).

Bosselmann：Bosselmann, K., Ökologische Grundrechte (1998).

Bothe/Gündling：Bothe, M./Gündling, L., Tendenzen des Umwletrechts im internationalen Vergleich (1990).

BR-Umweltbericht' 76：BR, Umweltbericht' 76 (BT-Drs. 7/5684).

BR-Umweltbericht 1998：BR, Umweltbericht 1998 (BT-Drs. 13/10735).

BR-Umweltbericht 2000：BR, Umweltbericht 2000.

BR-Bericht-Rio：BR, Bericht der BR. über die Konferenz der VN für Umwelt und Entwicklung im Juni. 1992 in Rio de Janeiro (1992).

BR-Bericht-VN-Sondergeneralversammlung：BR, Unterrichtung durch die Bundesregierung: Bericht der Bundeseregierung anläßlich der VN-Sondergeneralversammlung über Umwelt und Entwicklung 1997 in New York Auddem Weg zu einen nachhaltigen Entwicklung in Deutschland (BT-Drs. 13/7054) (1997).

BR-Bericht-Perspektiven für Deutschland：BR, Unterrichtung durch die Bundesregierung: Bericht der Bundesregierung über die Perspektiven für Deutschland-Nationale Strategie für eine nachhaltige Entwicklung (BT-Drs. 14/8953:

2002).

Breuer-1 : Breuer, R., Gefahrenabwehr und Risikovorsorge im Atomrecht, DVBl. 1978, 837.

Breuer-2 : Breuer, R., Strukturen und Tendenzen des Umweltrschutz, Der Staat 20 (1981), 411.

Breuer-3 : Breuer, R., Rechtsprobleme der Altlasten, NVwZ 1987, 760.

Breuer-4 : Breuer, R., Anlagensicherheit und Ströfälle Vergleichende Risikobewertung im Atom-und Immissionsschutzrecht, NVwZ 1990, 213.

Breuer, 5., Empfielt es sich, ein Umweltgesetzbuch zu schaffen, gegebenenfalls mit welchen Regelungsbereichen? : in Gutachten B für den 59 DJT, 9-128 (1992).

Breuer-6 : Breuer, R., Umweltschutzrecht, in: Schmidt/Aßmann (Hrsg.) Bes. Verwaltungsrecht, 10. Aufl., 462 (1995).

Breuer-7 : Breuer, R., Umweltschutz: in F.Abschnitt (Hrsg.), Besonderes Verwaltungsrecht 11. neubearbeitete Aufl, 468 ff. (1999).

Breuer-8 : Breuer, R., Öffentliches und privates Wasserrecht, 3. Aufl., 213 (2004).

de Bruijn, et. : de Bruijn, T. et., Evaluatie Milieuconvenanten, 56 ff. (2003).

Brundtland-Kommission : Brundtland-Kommission, Weltkommission für Umwelt und Entwicklung (1987).

Brüggemeier : Brüggemeier, G., Umwelthaftungsrecht-Ein Beitrag zum Recht der 'Risikogesellschaft'?, KJ 1989, 225.

Brüning : Brüning, C., Voraussetzungen und Inhalt eines grundrechtlichen Schutzanspruch, JuS 2000, 958.

BT-Drs. 10/6028 : Leitlinien der Bundesregierung zur Umweltvorsorge durch Vermeidung und stufenweise Verminderung von Schadstoffen (Leitlinien Umweltvorsorge (BT-Drs. 10/6028).

Buchholz : Buchholz, G., Integrative Grenzwerte im Umweltrecht, 67 (2001).

Bückmann-1 : Bückmann, W., Nachhaltigkeit und Recht, UPR 2002, 98 f.

Bückmann-2 : Bückmann, W., Probleme der Transformation des Nachhaltigkeitsgebots in das Recht, in: Brand, K-W. (Hrsg.), Politik der Nachnhaltigkeit, 155 ff. (2003).

Bückmann/Rogall : Bückmann, W./Rogall, H., Nachhaltigkeit-rechtlich und wirtschaftswissenschaftliche Aspekte, UPR 2001, 122.

Bulling : Bulling, M., Kooperatives Verwaltungshandeln I der Verwaltungspraxis,

DÖV 1989, 277.
Burgi：Burgi, M., Das Schutz-und Ursprungsprinzip im europäischen Umweltrecht, NuR 1995, 11.
Burmeister：Burmeister, J., Die Verwaltung 1969, 21.
Burnett-Hall：Burnett-Hall, R., Environmental Law, 1995.
Calliess-1：Calliess, C., Die neue Querschnittsklausel des Art. 6 ex 3c EGV als Instrument zur Umsetzung des Grundsatzes der nachhaltigen Entwicklung, DVBl. 1998, 564.
Calliess-2：Calliess, C., Vorsorgeprinzip und Beweislastverteilung im Verwaltungsrecht, DVBl. 2001, 1727.
Calliess-3：Calliess, C., Rechtsstaat und Umweltstaat (2001).
Calliess-4：Calliess, C., Verwaltungsorganisationsrechtliche Konsequenzen des integrierten Umweltschutzes, in: Ruffert, M. (Hrsg.), Recht und Organisation, 104 (2003).
Calliess-5：Calliess, C., Europarechtliche Vorgaben für ein Umweltgesetzbuch, NuR 2006, 601=ders., Vorgaben für ein Umweltgesetzbuch: Europarecht, in: Kloepfer, M. (Hrsg.), Das kommende Umweltgesetzbuch, 35 (2007).
Calliess-6：Calliess, C., §174, in: Ruffert (Hrsg.), EUV/EGV, 3. Aufl., 1808 (2007).
Calliess-7：Calliess, C., Umweltvorsorge durch integrierten Umweltschutz und Verfahren, in: Czajka/Hansmann/Rebentisch (Hrsg.), FS Rehbinder, 151 (2007).
Calliess-8：Calliess, C., Integrierte Vorhabengenehmigung und Rechtsschutz im aktuellen Entwurf des UGB I, ZUR 2008, 343.
Canaris, C-W., Systemdenken und Systembegriff in der Jurisprudenz (1983).
Carlsen：Carlsen, C. (Hrsg.), Die naturschutzrechtliche Verbandsklage in Deutschland (2004).
Cerexbe：Cerexbe, Welche Chancen bietet die Einheitliche Europäische Akte, in: Knoche (Hrsg.), Wege zur Rechtsgemeinschaft, 52 (1987).
Christner/Pieper：Christner, T./Pieper, T., Bedeutung und Stellenwert „nachhaltiger Entwicklung" bei der Gewinnung oberfälchenner Rohstoffe, 94 (1998).
Coenen/Klein-Vielhauer：Coenen, R./Klein-Vielhauer, S./Meyer, R., Integrierte Umwelttechnik (1996).
COM (95) 689.：Communication from the Commission to the Council and the Parliament-A Community Strategy to Reduce CO_2 Emissions from Passenger

Cars and Improve Fuel Economy.

Council Conclusions of 25. 6. 1996.

COM (98) 495 final.：Communication from the Commission to the Council and the European Parliament-Implementing the Community strategy to reduce CO_2 emissions from cars: an environmental agreement with the European automobile industry (COM (98) 495 final.).

COM (2000) 1 final.：Communication from the Commission on the Precautionary Principle (COM (2000) 1 final).

COM (2000) 66 final.：White Paper on environmental liability.

COM (2000) 88 final.：Commission of the European Communities, White Paper-Strategy for a future Chemical Policy (COM (2001) 88 final).

COM (2001) 68 final.：Green Paper on integrated product policy.

COM (2003) 179 final.：

COM (2004) 78.：Communication from the Commission to the Council and the Parliament-Implementing the Community Strategy to Reduce CO_2 Emissions from Cars: Fourth annual report on the effectiveness of the strategy-(COM (2004) 78.)

COM (2007) 355 final.：Proposal for a Regulation of the European Parliament and of the Council on classification, labelling and packaging of substances and mixtures, and amending Directive 67/548/EEC and Regulation (EC) No 1907/2006 (COM (2007) 355 final.).

COM (2007) 856 final.：Proposal for a Regulation of the European Parliament and the Council Setting emission performance standards for new passenger cars as part of the Community's integrated approach to reduce CO_2 emissions from light-duty vehicles (COM (2007) 856 final.).

Commission Recommendation-JAMA：Commission Recommendation of 13 April 2000 on the reduction of CO_2 emissions from passenger cars (JAMA), O.J.L. 100, 57 (20 April 2000).

Commission Recommendation-KAMA：Commission Recommendation of 13 April 2000 on the reduction of CO_2 emissions from passenger cars (KAMA).

Corino：Corino, Ökobilanzen, Entwurf und Beurteilung einer allgemeinen Regelung (1995).

Daniel：Daniel, F., Umweltrecht und Wirtschaft (2000).

Davies：Davies, T., The United State: Experiment and Fragmentation, in: Haigh, N./Irwin, F. (ed.), Integrated pollution control in Europe and North Americ, 51 (1990).

Delfts：Delfts, S., Anmerkung zu C-293/97, ZUR 1999, 323.

Dhondt：Dhondt, N., Integration of Environmental Protection into other EC Policies (2003).

Di Fabio, U., Integratives Umweltrecht, in: Di Fabio, U./Haigh, N. (Hrsg.), Integratives Umweltrecht, 29 (1998) = ders., Integratives Umweltrecht, NVwZ 1998, 330.

Directive 2004/35/CE：Directive 2004/35/CE of the European Parliament and of the Council of 21 April 2004 on environmental liability with regard to the prevention and remedying of environmental damage (O.J.L. 143, 56) = 大塚直ほか訳「環境損害の未然防止及び修復についての環境責任に関する2004年4月21日の欧州議会及び理事会の指令」季刊環境研究139号141頁 (2005年)。

Dolde：Dolde, K-P., Die EG-Richtlinie über die integriete Vermeidung und Verminderung der Umweltverschmerzung (IVU-Richtlinie), NVwZ 1997, 313.

Dörnberg：Dörnberg, H-F.F., Anmerkungen zu Urteilen der Oberlandesgerichte München und Stuttgart zur Frage der immissionsbedingten Waldschäden, NuR 1987, 308.

Drexelius：Drexelius, Bestandssschutz bei Gewerbebetrieben und polizeilicher Störerbegriff, GewArch 1972, 92.

EEAC (European Environmental Advisory Councils/Focal Point), Greening Sustainable Development Strategies (2001).

Ebersbach：Ebersbach, Ausgleichspflicht des Staates bei neuartigen immissionsbedingten Waldschäden, NuR 1985, 168.

Ehle：Ehle, D., Die Einbeziehung des Umweltschutzes in das europäischen Kartelrecht (1997).

Engelhardt/Schlicht：Engelhardt, H./Schlicht, J., Bundes-Immissionsschutzgesetz, 4. Aufl. (1997).

Enquete-Kommission-1994：Enquete-Kommission, Schutz des Menschen und der Umwelt, Die Industriegesellschaft gestalten (1994).

Enquete-Kommission-Abschlußbericht：Abschlußbericht der Enquete-Kommission "Schutz des Menschen und der Umwelt, Ziele und Rahmenbedingungen einer nachhaltig zukunftsverträglichen Entwicklung: Konzept Nachhaltigkeit vom Leitbild zur Umsetzung (BT-Drs. 13/11200) (1998).

Epiney-1：Epiney, A., Umweltrechtliche Querschnittsklausel und freier Warenverkehr, NuR 1995, 500.

Epiney-2：Epiney, A., Art. 20a, in: Mangoldt, H./Klein, F./Starck, C., Kommentar zum Grundgesetz, 5. Aufl., Bd. 2, 202 (2005).

Epiney-3：Epiney, A., Föderalismusreform und Europäisches Umweltrecht-Einige Bemerkungen zur Kompetenzverteilung Bund-Länder vor dem Hintergrund der Herausforderungen des europäischen Gemeinschaftsrechts, NuR 2006, 406≒ders., Föderalismusreform und Europäisches Umweltrecht.

Epiney/Furrer：Epiney, A./Furrer, A., Umweltschutz nach Maastricht, EuR 1992, 384.

Erbguth-1：Erbguth, W., Konzeptionelle und rechtliche Konsequenzen des Gebots nachhaltiger Raumentwicklung, DÖV 1998, 673.

Erbguth-2：Erbguth, W., Konsequenzen der neueren Rechtsentwicklung im Zeichen nachhaltiger Raumentwicklung, DVBl. 1999, 1082 f.

Erbguth-3：Erbguth, W., Nachhaltigkeit als Kategorie des öffentlichen Rechts, insbesondere des Verfassungsrechts, in: Bückmann, W./Lee, Y.H./Schwedler, H-U. (Hrsg.), Das nachhaltigkeitsgebot der Agenda 21 (2002).

Erbguth-4：Erbguth, W., Grundfragen des neuegefaßten Städtebaurechts im Verhältnis zum Umweltrecht, VR 1999, 120.

Erbguth/Schlacke：Erbguth, W./Schlacke, S., Umweltrecht, 2. Aufl. (2008).

Erbguth/Stollmann：Erbguth, W./Stollmann, F., Die Verzahnung der integrativen Elemente von IVU-und UVP-Änderungsrichtlinie, ZUR 2000, 379.

Erbguth/Schink：Erbguth, W./Schink, A., UVPG, 2. Aufl. (1996).

Erichsen：Erichsen, H-U., Grundrechtliche Schutzpflichten in der Rechtssprechung des Bundesverfassungsgerichts, Jura 1997, 85.

Di Fabio-1：Fabio, U., Verwaltung und Verwaltungsrecht zwischen gesellschaftlicher Selbstreglierung und staatlicher Steuerung, VVDStRL 56, 235 (1997).

Di Fabio-2：Di Fabio, U., Integratives Umweltrecht, in: Di Fabio, U./Haigh, N. (Hrsg.), Integratives Umweltrecht, 54 ff. (1998)＝ders., U., Integratives Umweltrecht, NVwZ 1998, 330.

Di Fabio-3：Fabio, U., Das Kooperationsprinzip, in: Huber, P.M. (Hrsg.), Das

Kooperationsprinzip im Umweltrecht, 37 ff. (1999).

Falke : Falke, J., Aktuelles zum Vorsorgeprinzip und anderen programmatischen Orientierungen im Europäischen Umweltrecht, ZUR 2000, 265.

Feldmann : Feldmann, F-J., UVP-Gesetz und UVP-Verwaltungsvorschrift, UPR 1991, 131.

Franzius-1 : Franzius, C., Bundesverfassungsgericht und indirekte Steuerung im Umweltrecht, AöR 2001, 422.

Franzius-2 : Franzius, C., Die integrierte Vorhabengenehmigung, in: Brandner, T./ ders./Lewinski, K./Messerschmidt, K./Rossi, M./Schilling, T./Wysk, P. (Hrsg.), Umweltgesetzbuch und Gesetzgebung im Kontext, 115 (2008).

Freimann : Freimann, J., Betriebliche Umweltpolitik (1996).

Frenz-1 : Frenz, W., Das Verursacherprinzip im öffentlichen Recht (1997).

Frenz-2 : Frenz, W., Europäisches Umweltrecht (1998).

Frenz-3 : Frenz, W., Nachhaltige Entwicklung nach dem Grundgesetz, JUTR 49, 37 (1999).

Frenz-4 : Frenz, W., Deutsche Umweltgesetzgebung und Sustainable Development, ZG 1999, 143.

Frenz-5 : Frenz, W., Bergrecht und Nachhaltige Entwicklung (2001).

Frenz-6 : Frenz, W., Wirtschaftskrise und nachhaltiger Umweltschutz, UPR 2009, 48.

Frenz/Unnerstall : Frenz, W./Unnerstall, H., Nachhaltige Entwicklung im Europarecht (1999).

Frenzel : Frenzel, E.M., Nachhaltigkeit als Prinzip der Rechtsentwicklung? (2005).

Friaus : Friaus, Bestandssschutz bei gewerblicher Anlagen, in: Festgabe BVerwG, 217 (1978).

Führ/Lahl : Führ, M./Lahl, U., Eigen-Verantwortung als Regulierungskonzept-am Beispiel des Entscheidungsprozesses zu REACH (2005).

GA Léger : GA Léger, EuGH, Rs. C-371/98 Rn. 57.

Gallas : Gallas, A., Natur-Kultur-Recht, in: Immissionsschutzrecht in der Bewährung-25 Jahre Bundes Immissionsschutzgesetz (FS für Geerhard Feldhaus zum 70. Geburtstag), 442 (1991).

Ganten/LemkeM : Ganten, R.H./LemkeM., Haftungsprobleme im Umweltbereich, UPR 1989, 11.

Geiss/Wortmann/Zuber：Geiss, J./Wortmann, D./Zuber, F., Nachhaltige Entwicklung, in: Geiss, J. (Hrsg.), Nachhaltige Entwicklung-Strategie für das 21. Jahrhundert?, 31 (2003).

van Gestel, R., et. al.：ALARA-minimumregel of beginsel met aspiraties?, M & R 2000, 56.

Glaesner：Glaesner, H-J., Umwelt als Gegenstand einer Gemeinschaftspolitik, in: Rengeling (Hrsg.), Europäisches Umweltrecht und Europäische Umweltpolitik, 1 (1988).

Gmilkowsky：Gmilkowsky, A., Die Produkthaftung für Umweltschäden und ihre Deckung durch die Produkthaftpflichtversicherung (1995).

Grabitz-1：Grabitz, E., Abfall im Gemeinschaftsrecht, in: FS für Sendler, 443 (1991).

Grabitz-2：Grabitz, Art. 130r, Rn. 45, 47, 60.

Griffel：Griffel, A., Entwicklung und Stand des Umweltrechts in der Schweiz, EurUP 2006, 324.

Grossmann/Rösch/Multhaup：Grossmann, W.D./Rösch, A./Multhaup, T., Övolutionäle Nachahltigkeit, in: Eisenberg, W./Vogelsang, K. (Hrsg.), Nachhaltigkeit leben, 45 (1997).

Grüter：Grüter, M., Umweltrecht und Kooperationsprinzip in der Bundesrepublik Deutshland (1990).

Günter：Günter, U., Die Beurteilung von Umweltrisken (1992).

Güttler：Güttler, D., Umweltschutz und freier Warenverkehr, BayVBl., 2002, 225.

Haas：Haas, P., Vertrauensschutz im Steuerrecht (1988).

Habel：Habel, E., Menschenwurde und natülichen Lebensgrundlagen, NuR 1995, 165.

Hager：Hager, J., §823, in: J. von Staudingers Kommentar zum Bürgerlichen Gesetzbuch mit Einführungsgesetz und Nebengesetzen, §§823-825. 13. Bearb, 169 (1999).

Haigh：Haigh, N., Integratives Umweltrecht, in: Di Fabio, U./Haigh, N. (Hrsg.), Integratives Umweltrecht, 57 ff. (1998).

Haigh/Irwin (ed.)：Haigh, N./Irwin, F. (ed.), Integrated pollution control in Europe and North America (1990).

Haladyj：Haladyj, A., Umweltrecht in Polen-unter besonderer Berücksichtigung des Grundsatzes der nachhaltigen Entwicklung, NuR 2004, 294).

Hampicke : Hampicke, U., Ökologische Ökonomie (1992).

Handl : Handl, G., Environmental Security and Global Change, in: Lang, W./Neuhold, H./Zemanek, K. (ed.), Environmental Protection and International Law, 80 (1991).

Hansmann-1 : Hansmann, K., Die Vorhabengenehmigung nach dem Entwurf für ein Umweltgesetzbuch, Immissionsschutz 1998, 5.

Hansmann-2 : Hansmann, K., Integratives Umweltrecht, in: Di Fabio, U./Haigh, , N. (Hrsg.), Integratives Umweltrecht, 68 (1998).

Hartkopf/Bohne : Hartkopf, G./Bohne, E., Umweltpolitik, Bd. 1, (1980).

Heitsch : Heitsch, C., Durchsetzung der materiellrechtlichen Anforderungen der UVP-Richtlinie im immissionsschutzrechtlichen Genehmigungsverfahren, NuR 1996, 454.

Helberg : Helberg, A., Allgemeines Umweltverwaltungsrecht, in: -Koch, H-J. (Hrsg.), Umweltrecht, 85 (2002).

Hermann : Hermann, A., Results of the International Workshop: Consequences of REACH for other legal and administrative environmental instruments (2007).

Hermes/Walther : Hermes, G./Walther, S., Schwangerschaftsabbruch zwischen Recht und Unrecht, NJW 1993, 2339.

Heselhaus-1 : Heselhaus, S., Das Prinzip gemeinsamer Verantwortung und Partnerschaft im Umweltrecht der Europäischen Union, in: Lange, K (Hrsg.), Gesamtverantwortung statt Verantwortungsparzellierung im Umweltrecht (1997).

Heselhaus-2 : Heselhaus, S., Verfassungsrechtliche Grundlagen des Umweltschutzes, in: AKUR (Hrsg.), Grundzüge des Umweltrechts, 27 (2007).

Hill : Hill, H., Integratives Verwaltungshandeln, DVBl. 1993, 983.

v. Hippel : von Hippel, E., Staatshaftung für Waldsterben?, NJW 1985, 32.

Hoffmeister/Kokott : Hoffmeister, F./Kokott, J., Öffentlich-rechtlicher Ausgleich für Umweltschäden in Deutschland und in hoheitsfreien Räumen (Berichte 9/02) (2002).

Hofling : Hofling, W., Verantwortung im Umweltrecht, in: Lange, K. (Hrsg.), Gesamtverantwortung statt Verantwortungsparzellierung im Umweltrecht, 156 (1997).

Hohloch：Hohloch, G., Entschädigungsfonds auf dem Gebiet des Umwelt-haftungsrecht (1994).

Hohmann：Hohmann, H., Ergebnis des Erdgipfels von Rio, NVwZ 1993, 311.

Hoitink：Hoitink, J.E., Het beginsel de vervuiler betaalt: 'revival' van een milieubeginsel, M & R 2000, 30 ff.

Holzbauer/Kolb/Roßwag (Hrsg.)：Holzbauer, U./Kolb, M./Roßwag, H. (Hrsg.), Umwelttechnik und Umweltmanagement (1996).

Hoppe：Hoppe, W. (Hrsg.), UVPG 2. Aufl. (2002).

Hoppe/Beckmann./Kauch：Hoppe, W./Beckmann, M./Kauch, P., Umweltrecht, 2. Aufl. (2000).

Hösch：Hösch, U., Eigentum und Freiheit (2000).

Huber：Huber, J., Nachhaltige Entwicklung durch Suffizienz, Effizienz und Konsistenz, in: Fritz, P./Huber, J./Levi, W. (Hrsg.), Nachhaltigkeit in naturwissenschaftlicher und sozialwissenschaftlicher Perspektive, 32 (1995).

Hüther：Hüther, M./Wiggering, H., Angemessenes Wachstum: Dauerhaft umweltgerechte Entwicklung. in: Junkernheinrich, M. (Hrsg.), Ökonomisierung der Umweltpolitik, 67 (74) (1999).

Illert：Illert, S., Grußwort, in: Huber, P.M. (Hrsg.), Das Kooperationsprinzip im Umweltrecht, 7 ff. (1999).

Ipsen：Ipsen, H.P., Widerruf gültiger Verwaltungsakte (1932).

Irwin：Irwin, F., Introduction to Integrated Pollution Control, in: Haigh, N./Irwin, F. (ed.), Integrated pollution control in Europe and North America, 10 (1990).

Isensee：Isensee, J., Das Grundrecht auf Sicherheit (1983).

Jaeschke：Jaeschke, L., Das Kooperationsprinzip im (Umwelt) recht, NVwZ 2003, 563.

Jankowski：Jankowski, K., Eine Einführung in das System der Integrated Pollution Control im englischen Umweltrecht, NuR 1997, 113 ff.

Jans：Jans, J.H., European Environmental Law (2000).

Jarass-1：Jarass, H.D., Baustein einer umfassenden Grundrechtsdogmatik, AöR 120 (1995), 381.

Jarass-2：Jarass, H.D., Bemerkenwertes aus Kahrlsruhe: Kooperation im Immissionsschutzrecht und vergleichende Analyse von Umweltschutzinstrumenten, UPR 2001, 5.

Jarass, H.D., Bundesimmissionsschutzgesetz, 3. Aufl. (1995).
Jarass-3 : Jarass, H.D., BImSchG-Kommentar, 6. Aufl. (2005).
Jarass-4 : Jarass, H.D., Vorb. vor Art. 1, in: ders/Pieroth, B. (Hrsg.), Grundgesetz, 8. Aufl. (2006).
Jongma, M.P., De milieuvergunning (200).
Kahl-1 : Kahl, W., Umweltprinzip und Gemeinschaftsrecht (1993).
Kahl-2 : Kahl, W., Der Nachhaltigkeitsgrundsatz im System der Prinzipien des Umweltrechts, in: Bauer, H. (Hrsg.), Umwelt, Wirtschaft und Recht, 133 (2002).
Kahl-3 : Kahl, W., Art. 174 EGV, in: Streinz, R. (Hrsg.), EUV/EGV (2003).
Kahl-4 : Kahl, W, Nachhaltigkeit als Verbundbegriff (2008).
Kahl/Diederrichsen : Kahl, W./Diederrichsen, L., Integrierte Vorhabengenehmigung und Bewirtschaftungsermessen, NVwZ 2006, 1107.
Ketteler : Ketteler, G., Der Begriff der Nachhaltigkeit im Umwelt-und Planungsrecht, NuR 2002, 511.
Kimminich : Kimminich, O., Das Recht des Umweltschutz (1972).
Kinkel : Kinkel, K., Möglichkeiten und Grenzen der Bewältigung von umwelttypischen Distanz-und Summationsschäden, ZRP 1989, 297.
Klöck, usw : Klöck, O. usw., Der Atomaussteig im Konsens, NuR 2001, 1.
Kloepfer-1 : Kloepfer, M., Zum Grundrecht auf Umweltschutz (1978).
Kloepfer-2 : Kloepfer, Chemikaliengesetz (1982).
Kloepfer-3 : Kloepfer, M., Umweltschutz als Aufgabe des Zivilrechts aus öffentlich-rechtlicher Sicht, in: ders, usw. (Hrsg), Umweltschutz und Privatrecht, 64 (1990).
Kloepfer-4 : Kloepfer, M., Umweltschutz als Aufgabe des Zivilrechts, NuR 1990, 348.
Kloepfer-5 : Kloepfer, M., Umweltinformationen durch Unternehmen, NuR 1993, 353.
Kloepfer-6 : Kloepfer, M., Anthropozentrik versus Ökozentrik als Verfassungsproblem, in: Kloepfer, M./Vierhaus, H-P. (Hrsg.), Anthropozentrik, Freiheit und Umweltschutz in rechtlicher Sicht, 16 (1995).
Kloepfer-7 : Kloepfer, M., Verfassungsänderung statt Verfassungsreform (1995).
Kloepfer-8 : Kloepfer, M., Umweltschutz als Verfassungsrecht, DVBl. 1996, 74.
Kloepfer-9 : Kloepfer, M., Abfallverbringungsabgabe und Verfassungsrecht, UPR

1997, 81.
Kloepfer-10：Kloepfer, M., Umweltrecht: in N. Achterberg usw. (Hrsg.), Besonderes Verwaltungsrecht Bd. I neubearbeitete Aufl., 369 ff. (2000).
Kloepfer-11：Kloepfer, M., Umweltrecht 3. Aufl. (2004).
Kloepfer-12：Kloepfer, M., Das kommende Umweltgesetzbuch (2007).
Kloepfer-13：Kloepfer, M., Umweltschutzrecht (2008).
Kloepfer/Kunig/Rehbinder/Schmidt-Aßmann：Kloepfer, M./Kunig, P./Rehbinder, E./Schmidt-Aßmann, E., Zur Kodifikation des Allgemeinen Teil eines Umweltgesetzbuches, DVBl. 1991. 51.
Kloepfer/Meßerschmidt：Kloepfer, M./Meßerschmidt, K., Inner Harmonisierung des Umweltrechts (1986).
Kloepfer/Franzius：Kloepfer, M./Franzius, C., Die Entwicklung des Umweltrechts in der Bundesrepublik Deutschland, 27 JUTR (1994), 183.
Kloepfer/Vierhaus：Kloepfer, M./Vierhaus, Freiheit und Umweltschutz (1995).
Kloepfer/Durner：Kloepfer, M./Durner, W., Der Umweltgesetzbuch-Entwurf der Sachverständigenkommission, DVBl 1997, 1088 ff.
Kluth：Kluth, W., Verfassungs-und abgabenrechtliche Rahmenbedingungen der Ressourcenbewirtscchaftung, NuR 1997, 107.
Koch：Koch, H-J., Die IPPC-Richtlinie: Umsturz im deutschen Anlagengenehmigungsrecht?, JURT 40 (1997) 45.
Koch/Jankowski：Koch, H-J./Jankowski, K., Die IVU-Richtrinie, ZUR 1998, 62.
Koch (Hrsg.)：Koch, H-J. (Hrsg.), Umweltrecht (2002).
Koch/Reese：Koch, H.D./Reese, M., Zum Verfassungsmäßigkeit des 'Solidarfonds' Abfallrückführung', DVBl. 1997, 85.
Koch/Kaschube/Fisch (Hrsg.)：Koch, S./Kaschube, J./Fisch, R. (Hrsg.), Eigenverantwortung für Organisationen (2003).
Köck：Köck, W., Nachhaltigkeit im Verwaltungsrecht, Verw 40 (2007) 425.
Kohler：Kohler, J., UmweltHR, in: Staudinger-BGB, 25 ff. (2002).
Konzak：Konzak, O., Abgallrechtliche Sicherheitsleistung (1995).
Kraack/Zimmermann-Steinhart：Kraack, M./Zimmermann-Steinhart, P., Die institutionellen Voraussetzungen für einen integrierten Umweltschtz in der Europäischen Union, in: Rengeling, H-W./Hof, H. (Hrsg.), Instrumente des Umweltschutzes im Wirkungsverbund, 362 (2001).

Kracht/Wasielewski : Kracht, H./Wasielewski, A., Integrierte Vermeidung der Umweltverschmutzung, in: Rengeling, H-W. (Hrsg.), Handbuch zum europäischen und deutschen Umweltrecht, 1070 (1998).

Kreikebaum : Kreikebaum, H., Umweltgerechte Produktion (1992).

Krämer : Krämer, L., Der Richtlinienvorschlag über die integrierte Vermeidung und Verminderung der Umweltverschmutzung, in: Rengeling (Hrsg.), Umweltschutz und andere politiken der Europäischen Gemeinschaft, 63 (1993).

Krings-1 : Krings, M., Immissionsschtzrechtliche Aspekte der Umsetzung von IVU -und UVP-richtlinie durch ein Erstes Buch zum Umweltgesetzbuch, 45 JUTR 1998, 52.

Krings-2 : Krings, G., Grund und Grenzen grundrechtlicher Schutzansprüche (2003).

Kromarek : Kromarek, P., Die Umweltrechtskodifikation in Frenkreich, EurUP 2006, 299.

Krüger : Krüger, H., Kurzkommentar, EwiR 1998, 653.

Lang/Neuhold/Zemanek : Lang, W./Neuhold, H./Zemanek, K., Environmental Protection and International Law (1991).

Langhaeuser : Langhaeuser, H.G., Private Haftung für Umweltschäden nach deutschem und japanischem Recht (1996).

Larenz : Larenz, K., Methodenlehre der Rechtswissenschaft, 6. Aufl. (1991).

Laskowski : Laskowski, S.R., Duale Verantwortungsstrukturen im Umweltrecht und Umweltpolitik, in: Schuppert, G.F. (Hrsg.), Jenseits von Privatisierung und "schlankem Staat", 94 (1999).

Leidig-1 : Leidig, G., Management ökologischer Risikopotentiale in Industrierunternehmen und Nachhaltigkeitsprinzip, in: Bosshardt, Ch. (Hrsg.), 235 (1999).

Leidig-2 : Leidig, G., Nachhaltigkeit als umweltplanungsrechtliches Entscheidungskriterium, UPR 2000, 371 ff.

Lerche : Lerche, P., Verfassungsfragen zum Solidarfonds Abfallrückführung, DB Beilage 10/95 zu Nr. 30, 1.

v. Lersner : von Lersner, H.F., Verwaltungsrechtliche Instrumente des Umweltschutzsuzes, 23 (1983).

Lorenz : Lorenz, D., §128 Recht auf Leben und körperliche Unversehrheit, in: Isensee, J./Kirchhof, P. (Hrsg.), HdbStR VI, 3, 34 (1989).

Lorz：Lorz, A., Das Gesetz zur Verbesserung der Rechtsstellung des Tieres im Bürgerlichen Recht, MDR 1990, 1057.

Lorz/Müller/Stöckel：Lorz, A/Müller, M.H./Stöckel, H, Naturschutzrecht (2003).

Lottermoser：Lottermoser, Das neue Umweltgesetzbuch, UPR 2007, 406.

Lücke：Lücke, J., Das Grundrecht des einzelnen gegenüber dem Staat auf Umweltschutz, DÖV 1976, 289.

Lugaresi/Röttgen：Lugaresi, N./Röttgen, D., Die Reform des Umweltechts in Italien, EurUP 2006, 310.

Luh：Luh, C.K., Integrierte Vorhabengenehmigung im Umweltrecht (2008).

Lummert/Thiem：Lummert, R./Thiem, V., Rechte des Bürgers zur Verhtung und zum Schadenersatz von Umweltschäden (Berichte 3/80, 1980).

Lytras：Lytras, T., Zivilrechtliche Haftung für Umweltschäden (1995).

Maaß：Maaß, C.A., Behördenkoordination im immissionsschutzrechtlichen Genehmigungsverfahren, DVBl. 2002, 366.

Macrory：Macrory, R., Integrated prevention and pollution control: the UK experience, in: Backs, C./Betlem, G. (Hrsg.), Integrated pollution prevention and control, 53 (1999).

Mainka：Mainka, J., Vertrauensschutz im öffentlichen Recht (1963).

Malthus：Malthus, Essay on the Principle of Population, in: Nellissen/van dee Straaten/Klinkers, Classics in Environmental Studies, 29 (1997).

Marburger-1：Marburger, S., Das Technische Risiko als Rechtsproblem, Bitburger Gespräche Jahrbuch-1981, 39.

Marburger-2：Marburger, s., Zur zivilrechtlichen Haftung für Waldschäden, in: Waldschäden als Rechtsproblem, UTR Bd. 2, 147 (1987) 147.

Martini-1：Martini, M., Integrierte Regelungsansätze im Immissionsschutzrecht (2000).

Martini-2：Martini, M., Die integrierte Vorhabengenehmigung als Herausforderung für Organisation und Struktur der Entscheidungsfindung, VerwArch 2009, 40.

Masing：Masing, J., Kritik des integrierten Umweltschutzes, DVBl. 1998, 549.

Mast：Mast, E., Zur Harmonisierung und Fortentwicklung der Vorhabenzulassung, in: Schmidt, A. (Hrsg.), Das Umweltrecht der Zukunft, 69 (1996).

McLoughlin, et. al.：McLoughlin, J. et. al., Environmental Pollution Control (1993).

Medicus：Medicus, D., Zivilrecht und Umweltschutz, UPR 1990, 19.

Meesenburg：Meesenburg, C., Das Vertrauensschutzprinzip im europäischen Finanzverwaltungsrecht (1998).

Menzel：Menzel, K.J., Die Verankerung von Generationengerechtigkeit im Grundgesetz, ZRP, 2000, 308.

Meyer-Abich：Meyer-Abich, M., Haftungsrechtliche Erfassung ökologischer Schäden (1999).

Meyer-Teschendorf：Meyer-Teschendorf, K.G., Verfassungsmäßiger Schutz der natürlichen Lebensgrundlagen, ZRP 1994, 77.

Michalke：Michalke, R., Die Verwertbarkeit von Erkenntnissen der Eigenüberwachung zu Beweiszweck im Straf-und Ordnungswidrigkeitenverfahren, NJW 1990, 417.

Mitschang：Mitschang, S., Der Planungsgrundsatz der Nachhaltigkeit, DÖV 2000, 15.

Möllers：Möllers, T.M.J., Rechtsgüterschutz im Umwelt-und Haftungsrecht (1996).

Molsberger：Molsberger, J., Einführung, in: Selbstständigkeit und Selbstverantwortung (1985).

Muckel：Muckel, S., Kriterien des verfassungsrechtlichen Vertrauensschutzes bei Gesetzesänderungen (1989).

Mühe：Mühe, G., Das Gesetz zur Verbesserung der Rechtsstellung des Tieres im bürgerlichen Recht, NJW, 1990, 2238.

Müller-Bromley：Müller-Bromley, N., Staatszielbestimmung Umweltschutz im Grundgesetz (1990).

Murswiek-1：Murswiek, D., Die Staatliche Verantwortung für die Risiken der Technik (1985).

Murswiek-2：Murswiek, D., Umweltschutz als Staatszweck (1995).

Murswiek-3：Murswiek, D., Staatsziel Umweltschutz (Art. 20aGG), NVwZ 1996, 223.

Murswiek-4：Murswiek, D., Ein Schritt in Richtung auf ein ökologisches Recht, NVwZ 1996, 417.

Murswiek-5：Murswiek, D., Das sognannte Kooperationsprinzip, ZUR 2001, 7.

Murswiek-6：Murswiek, D., "Nachhaltigkeit"-Probleme der rechtlichen Umsetzung eines umweltpolitischen Leitbildes, NuR 2002, 642.

Murswiek-7：Murswiek, D., 20a, in: Sachs, M. (Hrsg.), Grundgesetz, 4. Aufl. (2007).

Murswiek-8：Murswiek, D., Schadensvermeidung-Risikobewältigung-Ressourcenbewirschaftung, in: Osterloh, L./Schmidt, K./Weber, H. (Hrsg.), Staat, Wirtschaft, Finanzverfassung, 417 (2004).

D. ムアヴィーク「賦課金による環境保護」名城法学48巻3号1頁。

Oldiges：Oldiges, M., Der beschwerliche Weg zu einem Umweltgesetzbuch, ZG 2008, 274.

Ossenbühl-1：Ossenbühl, F., Die Rücknahme fehlerhafter begünstigender Verwaltungsakte, DÖV 1972, 27.

Ossenbühl-2：Ossenbühr, F., Vorsorge als Rechtsprinzip im Gesundheits-, Arbeits-und Umweltschutz, NVwZ 1986, 163.

Ossenbühl-3：Ossenbühr, F., Verfassungsrechtliche Fragen zum Solidarfonds Abfallrückführung, BB 1995, 1805.

Ott/Döring：Ott, K./ Döring, R., Theorie und Praxis starker Nachhaltigkeit (2004).

Pertersen：Pertersen, F., Schutz und Vorsorge (1993).

Peters-1：Peters, H-J., Art. 20a-Die neue Staatszielbestimmung des Umweltgesetzes, NVwZ 1995, 555.

Peters-2：Peters, H-J., Umweltverwaltungsrecht, 2. Aufl. (1996).

Peters-3：Peters, H-J., Zum gesammthaften Ansatz in der gesetzlichen Umweltverträglichkeitsprüfung, NuR 1996, 236.

Peters-4：Peters, H-J., Umweltrecht, 3. Aufl. (2006).

Pieoer：Pieoer, Gemeinschaftsrechtliche Anforderungen an Umweltsonderabgaben unter Berücksichitigung der Verwendung ihres Aufkommens, DÖV 1996, 233.

Pitchas：Pitchas, R., Öffentlich-rechtliche Risikokommunikation, UTR 36 (1996) 189.

Pohwer-Kahlmann：Pohwer-Kahlmann, H., Behördliche Zuisagen und Vertrauensschutz, DVBl. 1962, 622.

Preuß：Preuß, U.K., Vertrauensschutz als Statusschutz, JA 1977, 316.

Pütz, B., Zur Notwendigkeit der Verbesserung der Rechtsstellung des Tieres im Bürgerlichen Recht, ZRP 1989, 171.

Quennet-Thielen：Quennet-Thielen, C., Nachhaltige Entwicklung, Ein Begriff als

Ressource politischen Neuorientierung, in: Kastenholz/Erdmann/Wolff (Hrsg.), Nachhaltige Entwicklung, 9 (1996).

Ramsauer：Ramsauer, U. unter Mitarbeit von Bernhardt, D., Allgemeines Umweltverwaltungsrecht, in:, Koch, H-J. (Hrsg.), Umweltrecht, 2. Aufl., 92 (2007).

Rehbinder-1：Rehbinder, E., Politische und rechtliche Probleme des Verursacherprinzips (1973).

Rehbinder-2：Rehbinder, E., Ersatz ökologischer Schäden, NuR 1988, 105.

Rehbinder-3：Rehbinder, E., Fortentwicklung des Umwelthaftungsrechts in der Bundesrepublik Deutschland, NuR 1989, 161.

Rehbinder-4：Rehbinder, E., in: Everhardt, F. (Hrsg.), Bürger, Richter, Staat-FS für Horst Sendler, 269 (1991).

Rehbinder-5：Rehbinder, E., Das Vorsorgeprinzip im internationalen Vergleich (1991).

Rehbinder-6：Rehbinder, E., Precaution and Sustainability: Two Sides of the Same Coin?, in: Kiss, A./Burhenne-Guilmin, F. (ed.), A law for the environment, 95 (1994).

Rehbinder-7：Rehbinder, E., Argumente für die Kodifikation des deutschen Umweltrechts, UPR 1995, 362.

Rehbinder-8：Rehbinder, E., Das deutsche Umweltrecht auf dem Weg zur Nachhaltigkeit, Vortrag bei der diesjährigen Jahrestagung der gesellshaft für Umweltrecht (2001).

Rehbinder-9：Rehbinder, E., Nachhaltigkeit als Prinzip des Umweltrechts: konzeptionelle Fragen, Umweltrecht im Wandel 2001, 721.

Rehbinder-10：Rehbinder, E., Ökobilanzen als Instrumente des Umweltrechts (2001).

Rehbinder-11：Rehbinder, E., Das deutsche Umweltrecht auf dem Weg zur Nachhaltigkeit, NVwZ 2002, 657.

Rehbinder-12：Rehbinder, E., Die Diskussion der Umsetzung des nachhaltigkeitsgebots in Umwelt-und Planungsrecht, in: Bückmann, W./Lee, Y.H./Schwedler, H-U. (Hrsg.), Das Nachhaltigkeitsgebot der Agenda 21 (2002).

Rehbinder-13：Rehbinder, E., Nachhaltigkeit als Prinzip ders Umweltrecht, in: Umweltrecht in Wandel, 52 (2002).

Rehbinder-14：Rehbinder, E., Rechtsgutachten über die Umsetzung der 22. Verordnung zur Durchführung des Bundes-Immissionsschutzgesetzes (2004).

Rehbinder-15：Rehbinder, E., Ziel, Grundsätze, Strategien und Instrumente, in: AKUR (Hrsg.), Grundzüge zur Umweltrecht, 123 (2007).

Rehbinder-16：Rehbinder, E., Stoffrecht, in: AKUR (Hrsg.), Grundzüge des Umweltrechts, 783 (2007).

Reich：Reich, A, Gefahr-Risiko-Restrisiko (1989).

Reinhardt：Reinhardt, M., Mglichkeiten und Grenzen einer „nachhaltigen" Bewirtschaftung von Umweltressourcen, in: Marburger, P./Reinhardt, M./Schröder, M. (Hrsg.), Die Bewältigung von Langzeitrisiken im Umwelt-und Technikrecht, 94 (1998).

Rengeling-1：Rengeling, H-W., Die immissionsschutzrechtliche Vorsorge (1982).

Rengeling-2：Rengeling, H-W., Die Vorhabengenehmigung im UGB-Kommissionsentwurf und im Arbeitsentwurf UGB I, ZfV 1999, 324.

Rengeling-3：Rengeling, H-W., Das Kooperationsprinzip im Umweltrecht (1988).

Rengeling-4：Rengeling, H-W., Gesetzgebungskompetenzen für den integrierten Umweltschutz (1999).

Rest：Rest, A., Luftverschmutzung und Haftung in Europa (1986).

Riechelmann：Riechelmann, F., Struktur des verfassungsrechtlichen Bestandsschutzes (2006).

Röckinghausen：Röckinghausen, G., Integrierter Umweltschutz im RG-Recht (1998).

Röhrig, M：Röhrig, M., Das Umweltvölkerrecht im Speigel der Erkällung von Rio und der Agenda 21, ZUR 1993, 208.

Röhrig, S：Röhrig, S., Die zeitliche Komponente er Begriff "Gefahr" und "Gefhrenabwehr" und ihre Konkrietisierung bei Grundwasserverunreigungen, DVBl. 2000, 1660.

Rohwer-Kahlmann, H., Behördliche Zusagen und Vertrauenschutz, DVBl 1962, 622.

Römer：Römer, R., Die künftige Vorhabensgenehmigung aus der perspektive der Industrie, in: UBA (Hrsg.), Integratives Umweltrecht der EU und Vorhabenzulassung in Deutschland (BE-120) (1998).

Ronellenfitsch-1：Ronellenfitsch, M., Bestandsschutz, in: Ossenbühl, F. (Hrsg.), Eigentumsgarantie und Umweltschutz (1990).

Ronellenfitsch-2：Ronellenfitsch, M., Umwelt und Verkehr unter dem Einfluss des Nachhaltigkeitsprinzips, NVwZ 2006, 385.

Rückmann/Rogall：Rückmann, W./Rogall, H., Nachhaltigkeit-rechtliche und wirtschaftswissennschaftliche Aspekte, UPR 2001, 121.

Sacksofsky：Sacksofsky, U., Umweltschutz durch nicht-steuerliche Abgaben (2000).

Sanden-1：Sanden, J., Das Kooperationsprinzip im Bodenschutzrecht, in: Huber, P. M. (Hrsg.), Das Kooperationsprinzip im Umweltrecht, 115 ff. (1999).

Sanden-2：Sanden, J., Umweltrecht (1999).

Sanden-3：Sanden, J., Die Prinzipien des Umweltgesetzbuchs-eine kritische Betrachtung aus rechtstheoretischer Sicht, ZUR 2009, 4.

Sangenstedt：Sangenstedt, C., Umweltgesetzbuch und integrierte Vorhabengenehmigung, ZUR 2007, 505.

Sauer：Sauer, G.W., IVU-Richtlinie vs Umweltgesetzbuch-I-Integrierte Vorhabengenehmigung und mediale Kopplung, Immissionsschutz 1999, 101.

Schäfer, E：Schäfer, E., Seminarbericht, in: UBA (Hrsg.), Integratives Umweltrecht der EU und Vorhabenzulassung in Deutschland (BE-120) (1998).

Schäfer, K：Schäfer, K., Zum integrierten Konzept der IVU-Richtlinie, UPR 1997, 444.

Scheidler-1：Scheidler, A., Gibt es einen Anspruch auf behördliche Maßnahmen gegen Belastungen durch Feinstaub?, BayVBl., 2006, 657 f.

Scheidler-2：Scheidler, A., Das Integrationsprinzip im deutschen und europäischen Umweltrecht, WiVerw 2008, 8.

Scheidler-3：Scheidler, A., Integrative Elemente im Immissionsschutzrecht, NuR 2008, 764.

Scheidler-4：Scheidler, A., Die Grundprinzipien des Umweltrechts und ihre Kodifikation im Umweltgesetzbuch, UPR 2009, 12.

Scheuing：Scheuing, H., Umweltschutz auf der Grundlage der Einheitlichen Europäischen Akte, EuR 1989, 176 u. 192.

Schink-1：Schink, A., Kodifikation des Umweltrechts, DÖV 1999, 4.

Schink-2：Schink, A., Der Bodenschutz und seine Bedeutung für die nachhaltige städtbauliche Entwicklung, DVBl. 2000, 221.

Schlacke：Schlacke, S., Der Nachhaltigkeitsgrundsatz im Agrar-und Lebensmittelrecht, ZUR 2002, 377.

Schmidt-1：Schmidt, K., Einfhrungs in das Umweltrecht, 5. Aufl. (1999).

Schmidt-2：Schmidt, K., Umweltrecht, 7. Aufl. (2006).

Schmidt/Weber：Schmidt, K./Weber, H. (Hrsg.), Staat, Wirtschaft, Finanzverfassung (2004).

Schmidt/Kahl：Schmidt, R./Kahl, W., Umweltrecht, 7. Aufl. (2006).

Schmidt-Preuß：Schmidt-Preuß, M., Veränderungen grundlegender Strukturen des deutschen (Umwelt-) Rechts durch das Umweltgesetzbuch I, DVBl 1998, 861.

Scholten：Scholten, C., Integrierte Vorhabengenehmigung und naturschutzrechtliche Eingriffsregelung, DÖV 1997, 702.

Scholz：Scholz, R., Nichtraucher contra Raucher, JuS 1976, 232.

Schrader-1：Schrader, C., Das Kooperationsprinzip-ein Rechtsprinzip?, DÖV 1990, 326.

Schrader-2：Schrader, C., Europäischer Umweltschutz nach den Änderungen im Amsterdamer Vertrag, UPR 1999, 201.

Schreiber：Schreiber, F., Das Regelungsmodell der Genehmigung im integrierten Umweltschutz (2000).

Schritte zu einer nachhaltigen, Umweltgerechten Entwicklung: Berichte der Arbeitskreise anläßlich der Zwischenbilanzveranstaltung am 13. Juni 1997 (1997).

Schröder-1：Schröder, M., "Nachhaltigkeit" als Ziel und Maßstab des deutschen Umweltrechts, WiVerw 1995, 65.

Schröder-2：Schröder, M., Sustainable development, AVR 1996, 252 ff.

Schröder-3：Schröder, M., Europarecht und integriertes Umweltrecht, in: Erbguth, W. (Hrsg.), Europäisierung des nationalen Umweltrechts, 29 ff. (2001).

Schulte：Schulte, H., Zivilrechtsdogmatische Probleme im Hinblick auf den Ersatz 'ökologischer Schäden', JZ 1988, 284 f.

Schwartenmann：Schwartenmann, R., Umweltrecht (2006).

Sellner-1：Sellner, D., Die integrierte Genehmigung als neues Instrument für die Zulassung raumbedeutsamer Anlagen, in: Rengeling (Hrsg.), Integrierter und betrieblicher Umweltschutz, 82 (1996).

Sellner-2：Sellner：Sellner, D., Die Integrierte Vorhabengenehmigung als zentrales Elemente eines UGB, in: Köck, W. (Hrsg.), Auf dem Weg zu einem Umweltgesetzbuch nach der Föderalismusreform, 49 (2008).

Sendler-1：Sendler, Wer gefährdet wen, UPR 1983, 33.

Sendler-2：Sendler, H., Stand der Überlegungen zum Umweltgesetzbuch, NVwZ 1996, 1145.

Sendler-3：Sendler, H., Anmerkung zu BVerfGE 98, 106, NJ 1998, 365.

Sendler-4：Sendler, H., Grundrecht auf Widerspruchsfreiheit der Rechtsodnung?, NJW 1998, 2875.

Sendler-5：Sendler, H., Innovation und Beharrung im Kommissionsentwurf, in: Bohne, E. (Hrsg.), Das Umweltgesetzbuch als Motor oder Bremse der Innovationsfähigkeit in Wirtschaft und Verwaltung?, 40 (1999) 40.

Sieben：Sieben, P., Was bedeutet Nachhaltigkeit als Rechtsbegriff?, NVwZ 2003, 1173.

Slater：Slater, D., How IPC is Faciliating Environmental Protection, in: Drake, J. A. (ed.), Integrated pollution control, 1 (1994).

Smeddinck：Smeddinck, U., Das UGB als „Stunde Null", EurUP 2007, 202.

Snelting：Snelting, M., Übergangsgerechtigkeit beim Abbau von Steuervergünstigungen und Subventionen (1997).

Sommermann：Sommermann, K-P., Art. 20a (Schutz der natürlichen Lebensgrundlagen), in: Kunig, P. (Hrsg.), Grundgesetz-Kommentar, Bd 2, 39 (2001).

Sparwasser/Engel/Voßkuhle：Sparwasser, R./Engel, R./Voßkuhle, A., Umweltrecht, 5. Aufl. (2003).

SRU, Umweltgutachten 1974：SRU, Umweltgutachten 1974 (BT-Drs. 7/2802).

SRU, Umweltgutachten 1994：SRU, Umweltgutachten 1994：Für eine dauerhaft-umweltgerechte Entwicklung (BT-Drs. 12/6995) (1994).

SRU, Umweltgutachten 1996：SRU, Umweltgutachten 1996 (1996).

SRU, Umweltgutachten 1998：SRU, Umweltgutachten 1998 - Umweltschutz: Erreichtes sichern-Neue Wege gehen (DT. Drs. 13/10195).

SRU, Umweltgutachten 2002：Umweltgutachten 2002 des Rates von Sachverstandigen für Umweltfragen (BT-Drs. 14/8792) (2002).

SRU, Umweltgutachten 2004：SRU, Umweltgutachten 2004-Das Umweltgutachten 2004 steht unter dem Motto "Umweltpolitische Handlungsfähigkeit sichern" (BT-Drs. 15/3600).

SRU, Sondergutachten 2007：SRU, Sondergutachten 2007-Umweltverwaltungen: unter Reformdruck Herausforderungen, Strategien, Perspektiven (2007).

Staupe：Staupe, J., Die vollständige Koordination des Behördenhandelns gemäß IVU-Richtlinie, ZUR 2000, 368.

Steier：Steier, J., Bodenschutsurelevante Risiken im System der Umweltversicherungen (2005).

Steiger：Steiger, H., Mensch und Umwelt (1975).

Steinberg-1：Steinberg, R., Zulassung von Industrieanlagen im deutschen und europäischen Recht, NVwZ 1995, 211.

Steinberg-2：Steinberg, R., Verfassungsrechtlicher Umweltschutz durch Grubdrechte und Staatzielbestimmung, NJW 1996, 1991.

Steinberg-3：Steinberg, Der ökologische Verfassungsstaat, 112 (1998).

Steiner：Steiner, U., Technische Kontrolle im privaten Bereich-insbesondere Eigenüberwachung und Betriebsbeauftragte, DVBl., 1987, 1142.

Storm-1：Storm, P-C., Empfielt es sich, ein Umweltgesetzbuch zu schaffen, gegebenenfalls mit welchen Regelsbereichen?, ZRP 1992, 346.

Storm-2：Storm, P-C., Entwicklungsschwerpunkte des Umweltrecchts, 40 JUTR 1997, 7.

Storm-3：Storm, P-C., Nachhaltiges deutschland, 2. Aufl. (1998).

Storm-4：Storm, P-C., Das deutsche Projekt des Umweltgesetzbuchs (UGB), WiVerw 1999, 160.

Storm-5：Storm, P-C., Umweltgesetzbuch (UGB-KomE), NVwZ 1999, 35.

Storm-6：Storm, P-C., Umweltrecht, 8. Aufl. (2006).

Streinz：Streinz, R., Auswirkungen des Rechts auf „Sustainable Development" — Stütze oder Hemmschuh?, Die Verwaltung, 31 (1998) 449.

Streppel-1：Streppel, T.P., Rechtsschutzmöglichkeiten des Einzelnen im Luftquatitätsrecht, EurUP 2006, 191 f.

Streppel-2：Streppel, T.P., Subjektive Recht im Luftqualitätsrecht, ZUR 2008, 25.

Summerer：Summerer, S., Der Begriff "Umwelt", P.Christoph, u.s.w. (Hrsg.), HdUVP, Nr. 210.

Teesing/Vylenburg/Nijenhuis：Teesing, N./Vylenburg, R./Nijenhuis, C.T., Toegang tot het milieurecht, 3. Aufl. (2001).

Tettinger：Tettinger, P., Der Immissionsschutzbeauftragte, DVBl. 1976, 572.

Theobald：Theobald, Sustainable development-ein Rechtsprinzip der Zukunft?, ZRP 1997, 439 ff.

Tonnaer：Tonnaer, F.P.C.L., Handboek van het Nederlands miliurecht-1 (1994).
Tremmel/Laukemann/Lux：Tremmel, K.J./Laukemann, M./Lux, C., Die Verankerung von Generationengerechtigkeit im Grundgesetz, ZRP 1999, 432.
Tünnesen-Harmes：Tünnesen-Harmes, C., Prinzipen des Umweltrechts: in: S.Himmelmann, Handbuch des Umweltrechts, A-2 (stand: 2000).
UBA (Hrsg.)-1：UBA (Hrsg.), Denkschrift für ein Umweltgesetzbuch und Gesprächsprotokoll der Klausurtagung des BMU und der Unabhängigen Sachverständigenkommission zum Umweltgesetzbuch am 12./13. November 1993 in Bad Neuenahr-Ahrweiler (Berichte 9/94, 1994).
UBA (Hrsg.)-2：UBA (Hrsg.), Nachhaltiges Deutschland-Wege zu einer dauerhaft-umweltrechtten Entwicklung (1997).
UBA (Hrsg.)-3：UBA (Hrsg.), Ziele für Umweltqualität (2000).
UGB-ProfE-AT：Entwurf des Entwurf des-Umweltgesetzbuch: Allgemeiner Teil-Forschungsbericht (UGB-AT, 1990：英語版として，BMA, Environmental Code-General Part: A Proposal for a German Federal Environmental Code (1993)) (藤田宙靖「ドイツ環境法典草案について」自治研究68巻10号3頁，藤田/K.F. レンツ「ドイツ環境法・総論編訳」同116頁，同11号105頁参照)
UGB-ProfE-BT：Entwurf des Entwurf des Umweltgesetzbuch: Besonderer Teil-Forschungsbericht (UGB-BT, 1994).
UGB-KomE：BMU (Hrsg.), Umweltgesetzbuch (UGB-KomE): Entwurf der Unabhängigen Sachverständigenkommission zum Umweltgesetzbuch beim Bundesministerium für Umwelt, Naturschutz und Reaktorsicherheit (1998：英語版として，BMU (ed.), Environmental Code (Umweltgesetzbuch-UGB)-Draft (1998)).
UGB-RefE-1998：Arbeitsentwurf des BMU (5.3.1998) für ein UGB I, in: Rengeling, H-W. (Hrgs.), Auf dem Weg zum Umweltgesetzbuch Rengeling (Hrgs.)-1), 273 ff. (1999).
UGB-RefE-2009：Bundesministerium für Umwelt, Naturschutz und Reaktorsicherheit Projektgruppe UGB, Umweltgesetzbuch (UGB) Erstes Buch (I)-Entwurf des Allgemeine Vorschriften und vorhabenbezogenes Umweltrecht (04.12.2008：拙訳「環境法典草案 (UGB-2009) 第1編・総則および事業関連環境法」化学物質評価研究機構「平成20年度環境リスク研究会」27頁 (2010年).
Uhle：Uhle, A., Das Staatsziel "Umweltschutz" im System der grundrechtlichen

Ordnung, DÖV 1993, 949.

Ule/Laubinger：Ule, C.H./Laubinger, H-W., Verwaltungsverfahrensrecht (1995).

Ulrich：Ulrich, B., Das 'Menschenbild des Grundgesetzes' in der Rechtsprechung des Bundesverfassungsgerichts (1996).

Unruh：Unruh, P., Zur Dogmatik der Grundrechtlichen Schutzpflichten (1996).

Vallendar：Vallendar, W., Bewertung von Umweltauswirkungen, UPR 1993, 418.

Vallender/Morell：Vallender, K.A./Morell, R., Umweltrecht (1997).

Vandrey：Vandrey, P., Neubau des Umweltrechts? (1995).

Viertel：Viertel, B., Anforderungen an Abwassereinleitungen als Instrumente eines nachhaltigen Gewasser, ZfW 1999, 541.

Vogel：Vogel, H-J., Die Reform des Grundgesetzes nach der deutschen Einheit, DVBl. 1994, 499.

Volkmann：Volkmann, U., Umweltrechtliches Integrationsprinzip und Vorhabengenehmigung, VerwArch 89 (1998) 363.

Waechter-1：Waechter, K., Umweltschutz als Staatsziel, NuR 1996, 321.

Waechter-2：Waechter, K., Kooperationsprinzip, Gesellschaftliche Eigenverantwortung und Grundpflichten, Der Staat 38 (1999).

Wagner-1：Wagner, G., Kollektives Umwelthaftungsrecht auf genossenschaftlicher Grundlage (1990).

Wagner-2：Wagner, Umweltschutz mit zivilrechtlichen Mitteln, NuR 1992, 208.

Wagner-3：Wagner, G., Betriebswirtschaftliche Umweltökonomie (1997).

Wahl-1：Wahl, R., Die Normierung der materiell-integrativen (medienübergreifenden) Genehmigungsanforderungen, ZUR 2000, 362.

Wahl-2：Wahl, R., Materiell-integrative Anforderungen an die Vorhabenzulassung, NVwZ 2000, 503.

Wahl/Appel：Wahl, R./Appel, I., Prävention und Vorsorge, in: Wahl/Appel (Hrsg.), Prävention und Vorsorge (1995).

Wahl/Masing：Wahl, R./Masing, J., Schutz durch Eingriff, JZ 1990, 553 ff.

Wasielewski-1：Wasielewski, A., Verhältnis der Vorhabengenehmigung im "Umweltgesetzbuch I" zum fortgeltenden Genehmigungsrecht, in: Rengeling (Hrgs.), Auf dem Weg zu einem Umweltgesetzbuch, 213 (1999).

Wasielewski-2：Wasielewski, A., Der Integrationsgedanke im untergesetzlichen Regelwerk, ZUR 2000, 374.

Weber：Weber, J., Rechtsstaat und Rechte der Natur, IUR 1991, 83.

Weber/Hermann：Weber, A./Hermann, U., Das Gesetz über die Umweltverträglichkeitsprüfung (UVP-Gesetz), NJW 1990, 1631.

Weber-Dürler：Weber-Dürler, B., Vertrauensschutz im öffentlichen Recht (1983).

Weeramantry：Weeramantry, C.G., Separate Opinion of Vice-President Weeramantry, ILM 1998, 162 (206).

Weidemann：Weidemann, C., Rechtsstaatliche Anforderungen an Umweltabgaben, DVBl. 1999, 73.

Wellmann：Wellmann, E., Die Eigenverantwortung des Betriebers für Umweltbelange nach §52a Bundes-Immissionsschutzgesetz (2001).

Welscher：Welscher, A., Umweltvereinbarungen (2003).

Werner：Werner, S., Das Vorsorgeprinzip, UPR 2001, 335.

Westerlund：Westerlund, S., The Swedish Environmental Law Codification, EurUP 2006, 316.

Westphal, S., Art. 20 a GG-Staatsziel „Umweltschutz" JuS 2000, 339.

Westphal：Westphal, S., das Kooperationsprinzip als Rechtsprinzip, DÖV 2000, 996.

Willand：Willand, A., Nachhaltigkeit durch Rechtsgestaltung (Texte 13/05, 2005).

Winkler-1：Winkler, D., Nachhaltigkeit, in: HdUR Bd. II 2. Aufl., Spalte 1427 (1994).

Winkler-2：Winkler, D., Der europäisch initierte Anspruch auf Erlass eines Aktionsplans, EurUP 2006, 198 ff.

Winkler-3：Winkler, D., Anmerkung (zu BVerwGE 128, 278), ZUR 2007, 364 ff.

Winter, G：Winter, G., Beiträge zur Systembildung im neueren Umweltrecht der EU.

Winter, S：Winter, S., Fondslösungen im Umweltrecht (1993).

Wöckel-1：Wöckel, H., Der Feinstabscheider lichtet sich-rechtlich, NuR 2007, 599.

Wöckel-2：Wöckel, H., Der Feinstabscheider lichtet sich-rechtlich II, NuR 2008, 32.

Wolff-1：Wolff, Ökonomie und ökologiesche Bewertung für ein nachhaltige Entwicklung, in: Eisenberg, W./Vogelsang, K. (Hrsg.), 67 (1997).

Wolff-2：Wolff, J., Umweltrecht (2002).

Wolff-3：Wolff, N., Erhaltung lebender Meeresressourcen im Lichte des Nachhaltigkeitsgrundsatzes, ZUR 2003, 357.

XX, Mitteilungen, NuR 2002, -Heft 8, III.

Zöttl-1：Zöttl, J., Die EG-Richtlinie über die integrierte Vermeidung und Verminderung der Umweltverschmerzung, NuR 1997, 159.

Zöttl-2：Zöttl, J., Integrierter Umweltschutz in der neuesten Rechtsentwicklung (1998).

Zuleeg：Zuleeg, M., Vorbehaltene Kompetenzen der Mitgliedstaaten der Europäischen Gemeinshaft auf dem Gebiet des Umweltschutz, NVwZ 1987, 280.

一ノ瀬「環境損害の責任のしくみ」：一ノ瀬高博「環境損害の責任のしくみ」環境管理40巻11号59頁（2004年）。

岩田「予防原則とは何か」：岩田紳人「予防原則とは何か」農林統計調査2000年10月号49頁。

岩間「国際環境法における予防原則とリスク評価・管理」：岩間徹「国際環境法における予防原則とリスク評価・管理」岩間ほか編『環境リスクと管理と法』285頁（信山社・2007年）。

大久保「ドイツの環境損害法と団体訴訟」：大久保則子「ドイツの環境損害法と団体訴訟」阪大法学58巻1号1頁（2008年）。

大久保則子ほか「ドイツ連邦自然保護法」：大久保則子ほか「ドイツ連邦自然保護法」季刊環境研究147号54頁（2007年）。

大塚『環境法』：大塚直『環境法第2版』56頁以下（有斐閣・2006年）。

大塚「環境法の基本理念・基本原則」：大塚直「環境法の基本理念・基本原則」大塚・北村編『環境法ケースブック・第2版』5頁以下（有斐閣・2009年）。

奥「予防原則を踏まえた化学物質とリスク・コミュニケーション」：奥真美「予防原則を踏まえた化学物質とリスク・コミュニケーション」環境情報科学32巻2号36頁。

小賀野：小賀野晶一「環境権・環境配慮義務」松村ほか『ロースクール・環境法（第二版）』18頁（成文堂・2010年）。

春日ほか「ドイツ環境責任法」：春日偉知郎ほか「ドイツ環境責任法」判タ792号16頁（1992年）。

川合「ドイツ環境法における『統合的環境保護』論の展開」：川合俊樹「ドイツ環境法における『統合的環境保護』論の展開」一橋法学5巻3号1065頁（2006年）。

小山「EUにおける『予防原則』の法的地位」：小山佳枝「EUにおける『予防原則』の法的地位」法学政治学論集52号221頁。

高橋「環境リスクへの法的対応」：高橋滋「環境リスクへの法的対応」阿部・淡路

『環境問題の行方』271頁。

高村ほか「オランダ第3次国家環境政策計画（NEPP-3）の概要(2)」：高村ゆかりほか「オランダ第3次国家環境政策計画（NEPP-3）の概要(2)」季刊環境研究115号64頁（1999年）。

フランク・ツィーシャン「危険概念」：フランク・ツィーシャン（高山佳奈子訳）「危険概念」日独法学23/24/25号1頁以下（2004/2005/2006年）。

鶴田ほか「『汚染者負担原則』の法過程的分析」：鶴田順ほか「『汚染者負担原則』の法過程的分析」環境研究138号134頁（2005年）。

戸部『不確実性の法的制御』：戸部真澄『不確実性の法的制御』25頁以下（信山社・2009年）。

野澤「フランスにおける環境法の原則」：野澤正充「フランスにおける環境法の原則」環境研究138号143頁（2005年）。

藤村「製品起因損害に対する責任」：藤村和夫「製品起因損害に対する責任」環境管理43巻3号47頁（2007年）。

南・大久保『要説環境法』：南博方・大久保規子『要説環境法／第4版』37頁（有斐閣・2009年）。

蓑輪「環境損害概念の意義について」：蓑輪靖博「環境損害概念の意義について」環境管理41巻2号59頁（2004年）。

松浦『環境法概説』：松浦寛『環境法概説・全訂第4版』48頁（信山社・2004年）。

松本「水資源の保全と取水賦課金制度」：松本和彦「水資源の保全と取水賦課金制度」自治研究73巻8号107頁。

柳『環境法政策』：柳憲一郎『環境法政策』227頁以下（2001年）。

柳「予防原則」：柳憲一郎「予防原則」松村ほか『ロースクール・環境法（第二版）』43頁（成文堂・2010年）。

柳ほか「オランダ第3次国家環境政策計画（NEPP-3）の概要(1)」：柳憲一郎ほか「オランダ第3次国家環境政策計画（NEPP-3）の概要(1)」季刊環境研究114号108頁（1999年）。

山田「統合的環境規制の進展」：山田洋「統合的環境規制の進展」比較法34号73頁（1996年）。

松村・柳・荏原・小賀野・織『ロースクール環境法・補訂版』52頁以下（成文堂・2007年）。

松村ほか『オランダ環境法』（国際比較環境法センター・2004年）。

拙著『ドイツ土壌保全法の研究』：拙著『ドイツ土壌保全法の研究』（成文堂・2001

年)。

拙著『環境協定の研究』：拙著『環境協定の研究』(成文堂・2007年)。
拙稿「環境政策参加型自主規制の実効性」：拙稿「環境政策参加型自主規制の実効性」法律論叢 第72巻第2・3号97頁 (1999年)。
拙稿「ドイツ廃棄物越境移動法」：拙稿「ドイツ廃棄物越境移動法」季刊環境研究118号86頁 (2000年)。
拙稿「デンマーク汚染地法による責任システム」：拙稿「デンマーク汚染地法による責任システム」季刊環境研究123号82頁 (2002年)。
拙稿「ドイツの事例に学ぶ〜義務履行確保手法と基金制度」：拙稿「ドイツの事例に学ぶ〜義務履行確保手法と基金制度」自治体学研究第84号70頁 (2002年)。
拙稿「環境法の原則」：拙稿「環境法の原則」松村ほか『オランダ環境法』5頁 (国際比較環境法センター・2004年)。
拙稿「政策手法」：拙稿「政策手法」松村ほか『オランダ環境法』21頁 (国際比較環境法センター・2004年)。
拙稿「土壌保全法」：拙稿「土壌保全法」松村ほか『オランダ環境法』171頁 (国際比較環境法センター・2004年)。
拙稿「ドイツ環境損害（責任）法案と環境損害」：拙稿「ドイツ環境損害（責任）法案と環境損害」(1)季刊環境研究139号153頁，(2)同141号113頁 (2005-6年)。
拙稿「環境損害に対する責任論」：拙稿「環境損害に対する責任論」法学論叢78巻6号289頁 (2006年)。
拙稿「環境法における国家の基本権保護と環境配慮」：拙稿「環境法における国家の基本権保護と環境配慮」(1)季刊環境研究150号139頁，(2)同151号93頁，(3)152号160頁 (2008-9年)。
拙稿「責任履行担保制度の土壌汚染リスク予防機能」：拙稿「責任履行担保制度の土壌汚染リスク予防機能」岩間徹ほか編『環境リスクと管理と法』259頁 (信山社・2007年)。
拙稿「環境関連リスク配慮に対する国・自治体の責任」拙編著『環境ビジネスリスク』215頁 (産業環境管理協会・2009年)。
拙稿「環境法におけるリスク配慮論序説」：拙稿「環境法におけるリスク配慮論序説」平野裕之ほか編『現代民事法の課題』433頁 (2009年)。
拙稿「ドイツ環境法典編纂事業と統合的事業認可構想」：拙稿「ドイツ環境法典編纂事業と統合的事業認可構想」環境管理46巻1号45頁 (2010年)。
拙稿「統合的環境管理論」：拙稿「統合的環境管理論」法律論叢82巻2・3号305頁

(2010年)。

著者略歴

松村弓彦（まつむら・ゆみひこ）

1941年3月生れ。
1963年3月一橋大学法学部卒業
1963年4月川崎製鉄㈱に入社。株式，総務，環境系法規業務に従事。1993年3月川崎製鉄㈱退社。
1993年4月杏林大学保健学部専任講師，1995年4月同大助教授，1998年明治大学法学部助教授を経て，
現　在　明治大学法学部教授（法学博士）
専　攻：環境法，医事法，民事法。

主要著書
・環境訴訟（1993年，商事法務研究会）
・環境法学（1995年，成文堂）
・環境法（1999年，第2版・2004年，成文堂）
・ドイツ土壌保全法の研究（2001年，成文堂）
・（共著）オランダ環境法（2004年，国際比較環境法センター）
・（監修）環境政策と環境法体系（2004年，産業環境管理協会）
・環境協定の研究（2007年，成文堂）
・（編著）環境ビジネスリスク（2009年，産業環境管理協会）
・（共著）ロースクール環境法［第2版］（2010年，成文堂）

環境法の基礎

2010年5月1日　初　版第1刷発行

著　者　松　村　弓　彦

発行者　阿　部　耕　一

〒162-0041　東京都新宿区早稲田鶴巻町514番地
発行所　株式会社　成　文　堂
電話 03(3203)9201(代)　振替00190-3-66099

製版・印刷・製本　藤原印刷㈱
☆落丁・乱丁本はお取り替えいたします☆
ISBN 978-4-7923-3271-6 C3032

定価(本体2300円＋税)　　検印省略